前言

环境影响评价制度是生态环境管理的重要制度。党的十八大以来，环评改革始终贯彻落实以习近平同志为核心的党中央提出的生态文明建设和生态环境保护新理念新思想新战略，把转变政府职能，协调推进“放管服”作为环评改革的“先手棋”，环评改革取得了积极成效。加强建设项目环境保护事中事后监管，是落实党中央、国务院简政放权、转变政府职能改革部署的必然要求，切实保障了环评制度效力，强化了环评的刚性约束。建设项目环境影响后评价是强化建设项目环境保护事中事后监管的重要手段，可有力推动建设项目环境保护持续改进，提高环境影响评价制度的有效性。

近年来，生态环境部不仅在环评法律制度建设上填补了环境影响后评价的空白，例如，2016年修订的《中华人民共和国环境影响评价法》明确提出“在项目建设、运行过程中产生不符合经审批的环境影响评价文件的情形的，建设单位应当组织环境影响的后评价”，《建设项目环境影响后评价管理办法（试行）》中明确了后评价的定义、开展后评价的情形、评价内容及其他要求；同时积极探索后评价工作技术及监管方式方法，确保环评制度的全过程管控，目前，相继开展了部分行业环境影响后评价技术方法研究课题以及项目试点。

煤炭采掘行业实际环境影响程度和范围较大，且主要环境影响在项目建成运行一定时期后才逐渐显现，因此，煤炭采掘行业的建设项目需开展环境影响后评价。目前，国内关于此类项目环境影响后评价的研究主要集中在理论技术方面，包括后评价基本模型、技术方法和管理机制等，本书则系统研究了各类煤炭采掘项目环境影响后评价介入时机、评价周期、评价重点和验证方法适用性等。本书对不同区域、不同开采类型煤炭采掘类项目环境影响后评价技术方法进行了全面梳理，对分区分类环境影响后评价项目技术方法进行了系统调查与总结；并结合典型案例，对煤炭采掘项目环境影响后评价技术方法进行验证，确定不同区域主要环境影响及环境影响后评价的内容和重点；同时，梳理分析不同区域环境影响后评价的技术方法并验证方法的适用性；最后，对环境影响后评价开展过程中存在的环境问题进行分析且提出相应对策，并对后评价成果应用和环境监管提出建议。

在编写过程中，本书力求既能反应国内外煤炭采掘行业环境影响后评价理论与技术的发展，又可体现典型项目环境影响后评价案例采用技术方法的实用性与适用性，达到理论与实际相结合。为此，我们根据多年从事环境影响评价的经验，结合后评价相关政策要求，参考大量研究成果与环境影响后评价典型案例，并纳入近年迅速发展的环境影响后评价的新观念和新技术，编著了本书，以期在提高建设项目环境保护水平，推动环境影响后评价技术发展方面发挥作用。本书由生态环境部环境影响评价与排放管理司“煤炭采掘项目环境影响后评价技术方法研究”课题经费支持编著。

本书共分七章。各章的主要作者为：第一章：郭二民、王琛；第二章：何皓、袁殷、王林；第三章：狄雅肖、陈静；第四章：包洪福、李晓星；第五章：李晓星、袁彦婷、周鹏；第六章：陈静、王乐、刘菁钧；第七章：董晓东、狄雅肖、赵慈。全书由何皓、狄雅肖统一修改定稿，郭二民修订主审。

在本书编著中，得到了丁长印、麦方代、张培元、马建军、耿海清等专家、学者的大力帮助，在此表示感谢。

由于水平所限，书中难免存在疏漏和不当，敬请批评指正。

编　者

2018 年 11 月

煤炭采掘项目环境影响后评价技术方法研究

郭二民　傅　尧　何　皓　狄雅肖／主编

中国环境出版集团・北京

图书在版编目（CIP）数据

煤炭采掘项目环境影响后评价技术方法研究/郭二民等主编. —北京：中国环境出版集团，2019.4

ISBN 978-7-5111-3946-7

Ⅰ. ①煤…　Ⅱ. ①郭…　Ⅲ. ①煤矿开采—环境影响—评价法—研究　Ⅳ. ①X820.3

中国版本图书馆 CIP 数据核字（2019）第 065003 号

出 版 人　武德凯
责任编辑　孔　锦
责任校对　任　丽
封面设计　岳　帅

更多信息，请关注
中国环境出版集团
第一分社

出版发行　中国环境出版集团
（100062　北京市东城区广渠门内大街 16 号）
网　　址：http://www.cesp.com.cn
电子邮箱：bjgl@cesp.com.cn
联系电话：010-67112765（编辑管理部）
发行热线：010-67125803，010-67113405（传真）
印　　刷　北京建宏印刷有限公司
经　　销　各地新华书店
版　　次　2019 年 4 月第 1 版
印　　次　2019 年 4 月第 1 次印刷
开　　本　787×960　1/16
印　　张　13.25
字　　数　200 千字
定　　价　93.00 元

本书编委会

主　编　郭二民　傅　尧　何　皓　狄雅肖

副主编　包洪福　董晓东　陈　静　李晓星

编　委

【生态环境部环境工程评估中心】

袁彦婷　王　林　周　鹏　谢咏梅

马德彭　勾　滢

【中国环境科学研究院】

赵　慈　袁　般　刘菁钧　王　乐

王　琛

目录

第 1 章

研究背景与意义

1.1　煤炭采掘行业背景

我国作为一个发展中的人口大国，煤炭是我国的基础能源和重要原料，煤炭工业也是关系国家经济命脉和能源安全的重要基础产业。根据国家能源局统计，截至 2015 年年底，全国煤炭总产量为 37.5 亿 t，煤炭消费量为 39.6 亿 t，占一次能源消费的 63.7%，生产和消费量均超过世界总量的一半。虽然受经济增速放缓、能源结构调整等因素影响，煤炭需求下降，出现供给能力过剩的问题，但我国仍处于工业化、城镇化加快发展的阶段，能源需求总量仍有增长空间。煤炭是稳定、经济、自主保障程度最高的能源，在一次能源消费中的比重将逐步降低，但在相当长时期内，其主体能源地位不会变化。

煤炭资源的持续开发，造成了诸如土地沉陷、水资源破坏和地表扰动等一系列资源环境问题，已经逐渐成为制约我国经济社会可持续发展的重大问题。随着“一带一路”建设、京津冀协同发展、长江经济带发展三大国家战略的实施，国家将煤炭清洁高效开发利用作为能源转型发展的立足点和首要任务，大力化解过剩产能，为煤炭行业转变发展方式、推进供给侧结构性改革、优化布局和结构创造了有利条件。加强煤炭资源开发环境保护持续有效的管理，遏制生态恶化趋势，切实提升人居环境质量，对于促进国民经济和社会健康发展意义重大。

1.2 相关政策

改革开放以来，各个领域的开发项目逐渐增多，开发活动对生态环境的扰动和破坏逐渐加大，对开发项目的持续监管和对人居环境的有效保护作为无法被忽视的问题被逐渐重视起来。环境影响评价制度作为环境管理的有效手段，对确定经济发展方向和预防环境污染、生态破坏等重大决策的制定和实施有重要作用。我国环境影响评价的理论与实践经历了长期的发展历程，已经形成较为完善的环评管理体系，促进了建设活动与环境保护的协调发展。但针对项目运行后，持续环境影响的后评价工作，尚未形成系统有效的管理，不利于实现对项目环境影响的全过程评估和监管。

20 世纪 80 年代后期，国家发展和改革委员会组织开展了第一批国家重点项目的后评价。随着环境影响评价制度执行和实施过程中一些问题的出现，环境影响的“后评价”概念逐渐被提出，并在重点领域进行了试点研究，常用到的提法有验证性评价、回顾性评价及事后评价等。

2003 年 9 月，《中华人民共和国环境影响评价法》首次提出了对在建项目进行环境影响后评价的要求，为我国的环境影响后评价工作提供了法律依据。同年 10 月，国家海洋局颁布了《海洋石油开发工程环境影响后评价管理暂行规定》，是我国第一个环境影响后评价管理规程。

为加快政府职能转变，加强生态文明制度建设，持续推进供给侧结构性改革，原环境保护部相继发布《建设项目环境保护事中事后监督管理办法（试行）》《“十三五”环境影响评价改革实施方案》《关于以改善环境质量为核心加强环境影响评价管理的通知》等文件，要求进一步转变政府职能，落实国务院简政放权、放管结合重大决策部署，加快环境保护工作由注重事前审批向加强事中事后监督管理的转变，即由注重环评审批向加强对落实环评文件及批复要求情况、遵守环保法律法规情况和开展环境影响后评价情况的监督管理的转变。以改善环境质量为核心，以全面提高环评有效性为主线，以“生态保护红线、环境质量底线、资源利用上线和环境准入负面清单”（三线一单）为手段，创新“三同时”管理，强化环境影响后评价，不断改进和完善环评管理体系。

2016 年 1 月，环境保护部正式实施《建设项目环境影响后评价管理办法（试行）》，明确了环境影响后评价的定义、开展环境影响后评价的项目类型及后评价内容，对环境影响后评价制度的规范化具有开拓性意义。

2016 年 9 月，新修订的《中华人民共和国环境影响评价法》明确提出了“在项目建设、运行过程中产生不符合经审批的环境影响评价文件的情形的，建设单位应当组织环境影响的后评价”。

2017 年 7 月，《国务院关于修改〈建设项目环境保护管理条例〉的决定》公布，于 2017 年 10 月 1 日起施行，新《条例》对加强建设项目事中事后监管提出了更高要求，其中，第十九条第二款规定了编制环境影响报告书、环境影响报告表的建设项目“投入生产或者使用后，应当按照国务院环境保护行政主管部门的规定开展环境影响后评价”。开展环境影响后评价是强化事中事后监管的重要途径，将有力推动建设项目环境保护持续改进，提高环境影响评价制度的有效性。新《条例》有力地促进了《建设项目环境影响后评价管理办法（试行）》的实施。

此外，《中央政府投资项目后评价管理办法（试行）》（发改委）、《水利建设项目后评价管理办法（试行）》《水利水电工程环境影响后评价导则》（水利部）及《重庆市建设项目环境影响后评价技术导则（试行）》也对环境影响后评价提出了不同层面的要求。与此同时，生态环境部已立项开展《煤炭采选工程环境影响后评价技术导则》的编制工作，目前尚处于编制完善阶段，为环境影响后评价的实施提供技术支持。

1.3 后评价工作研究的意义

建立健全的环境影响后评价制度，充分发挥环境影响后评价在环境管理中的作用，也是落实生态文明建设的重要举措。目前，生态环境部正大力推进对环境影响后评价理论、技术及管理机制的研究，尤其是对煤炭采掘环境影响后评价理论技术的研究，系统总结了环境影响后评价理论，提出了基本模型、技术方法、管理机制和生态修复技术；对煤炭采掘环境影响后评价技术导则的研究，也已基本完成一般性原则、内容、方法和技术要求的制定。

本书通过对已有成果的归纳和研究，发现对不同区域、不同开采类型煤炭采掘项目环境影响后评价时机选择、服务周期、评价重点和验证方法适用性等方面缺少系统性研究。故本书结合典型案例，对煤炭采掘项目环境影响后评价技术方法进行梳理验证，旨在确定典型区域主要环境影响及环境影响后评价的内容和重点，梳理分析典型区域环境影响后评价的技术方法及验证方法的适用性，对后评价结果应用和环境监管提出建议。契合环境科学研究理论与实践相结合的思路和模式，进一步完善典型区域环境影响后评价技术方法体系，为煤炭采掘项目环境影响后评价技术导则的制定和环保行政部门的环境管理工作提供技术支持。

第 2 章

环境影响后评价发展综述

2.1 国外环境影响后评价发展综述

2.1.1 国外后评价发展历程

国外项目后评价概念是 20 世纪 30 年代美国国会为了监督政府“新政”政策而提出的。在 1830—1930 年萌芽阶段，法国工程师杜皮特（Dupuit）提出消费者剩余和公共工程的社会效益概念。此后，国外后评价从最初的以财务为主的后评价逐步发展为以经济评价为主的后评价，再到目前以环境影响为主的后评价，大致可以划分为三个阶段。

20 世纪 60 年代以前，以财务分析为主，评价内容以分析环境影响评价中提出的要求在项目建设中是否达到预期为主。初步应用于美国的水利和公共工程领域，以传统成本-效益分析法为主，随后逐步发展并推广到工业、农业和其他经济部门。

20 世纪 60—70 年代，后评价逐步从美国推广至欧洲以及世界银行等国际金融组织，评价系统主要应用在使用国家预算的国内公共部门的大型投资项目，如能源、交通、通信等基础设施以及社会福利项目等，以经济评价为主。

20 世纪 70 年代以后，是“新方法”的产生与应用阶段，随着经济发展带来的环境污染问题日益严重，环境评价逐步成为项目后评价的核心之一。例如，英国的后评价局和后评价协会分别于 1982 年和 1994 年成立。后评价局负责项目后评价的相关政策、计划执行、报告和反馈等工作。1970 年，世界银行设置了独立的后评价机构，相关工作由执行理事联合审计委员会监督；1975 年，第一届评价局成立，最高领导的任命周期为 5 年，由局长直接向世界银行最高决策机构汇报工作；1978 年，独立的后评价办公室在亚洲开发银行成立，该机构由董事会主持工作，审计委员会负责监督，后评价负责人直接向行长汇报。1986 年，荷兰在环境立法中将后评价项目分析纳入环境影响评价之中，使其成为环境影响评价的一部分。1988 年，欧盟对 11 个案例进行了环境影响后评价，并检验了环境影响评价的方法，确定环境影响后评价的分类及实施程序等，确立了以环境影响为主的后评价时期的开端。1989 年，国际商会的专题报告中专门提出了环境审计和环境影响后评价的概念，并由此开始得到广泛的应用（表 2-1）。

表 2-1　国外项目后评价的发展历程

20 世纪	评价领域	评价内容	代表性评价方法
60 年代以前	水利、公共工程	以财务分析为主	多目标决策技术 成本-效益分析法
60—70 年代	能源、交通、通信等基础设施以及社会福利项目等国家投资项目	以经济评价为主	Delphi 法 层次分析法
70 年代以后	由环境影响较大案例逐渐推广到各行各业	加入环境审计和环境影响评价的内容	数据包络分析法 层次分析法 综合指标评价法 成本-效益法

1991 年，在联合国欧洲经济委员会主持下制定了《跨界环境影响评价公约》（埃斯波公约）。作为第一个关于跨界环境影响评价的区域性立法，该公约明确了利用项目事后评价分析及时发现重大跨界影响因素，通知任何利益相关方的

机制，并规定项目后评价分析的内容包括审查项目合法性和影响减缓措施的有效性、回顾合法管理下的不确定因素影响、验证预测的准确性并为以后的项目积累经验。

美国环境影响后评价与环境立法相呼应，对污染者实施重罚，环境后评价法律以环境审计的形式推出。美国交通环保工作委员会要求高速公路建设项目在投入运营后，必须对公路建设项目进行环境影响后评价。

德国与法国，除对整个项目周期中前期和实施阶段进行监测评估外，还要在竣工后 3～5 年对项目进行环境影响后评价（过程评价、效益评价、影响评价和持续性评价），将对生态环境的影响列入环境影响后评价的重要内容，此后每隔几年，还要再次进行后评价工作，保证项目实施给环境带来的影响能够及时发现、研究、解决。

亚洲国家中，印度、韩国也以水法、环境保护法等相关政策推动了后评价的研究与实践工作。

2.1.2 研究进展

20 世纪 80 年代，欧美等国家逐渐将社会影响评价与环境影响评价列为项目后评价的重要内容，推动了对环境影响后评价的研究和实践。例如，荷兰在环评法中纳入后评价内容。澳大利亚在 1982 年的发展规划中提出了对环境影响评价全过程的监督。英国曼彻斯特大学环境影响评价中心启动了对环境影响后评价的研究。80 年代末期，欧洲最高经济管理协调机构通过对环境影响后评价案例的研究，提出了环境影响后评价的具体工作流程。

经过多年研究，联合国欧洲经济委员会对环境影响后评价提出了如下定义：在项目建设中和运营后所进行的环境影响研究工作，旨在发现项目在建设运营过程中暴露出的环保问题，对此前环境影响评价的结果进行实际验证，并将相关信息及时向建设或运营单位反馈。

1996 年，Mellinger 等提出环境影响后评价的工作内容，已不再局限于环境影响评价的补救措施，而发展成为环境影响评价标准体系的重要组成部分，一般包括项目对环境的回顾影响评价以及项目环境后评价两部分内容。其中回顾影响评价一般分为最高程度环境影响评价系统、中等程度验证环境影响评价质量以及最低程度项目环境影响监测与评价三部分。同年，Bixon 等认为环境影响后评价工作主要评价方法包括定量与定性相结合的效益分析法、对比分析法、统计预测法以及逻辑框架法。

2004 年，Branis 等经过研究后提出，环境影响后评价进行过程中可通过对比环境影响预测结果与实际评估结果，验证此前环境影响预测的准确性，进而提高环境影响评价水平，并提出定性分析与定量分析相结合的技术方法，最后结合美国俄勒冈州煤矿实例进行了验证。

2005 年，Karimi Ayafruddin 对印度尼西亚苏门答腊岛的一个建设项目进行了社会影响后评价，对 4 个安置后的村落进行了实地调查。调查显示，有两个村的生活明显得到改善，一个村的生活有所改善，另一个村的生活收入下降。

2006 年，Tetteh 等提出环境影响后评价是“在项目实施阶段，针对环境影响报告书中提出的减缓措施的有效性，以及改善和提高环境管理质量开展研究”。

2007 年，Bodnar Ferko 在马里南部水土保持的环境后评价中，使用虚拟时间序列，得出的结论是实施侵蚀控制措施后，侵蚀速度每年降低 50%。

2009 年，Nicole 等认为，环境影响后评价缺少对利益相关方的后评价内容，建议把调查利益相关方的满意度作为环境影响后评价的重要内容。

近年，Nicolas 针对存在重要跨界环境影响的项目，分析了项目开发及措施的后评价工作机制在国际惯例法中的现状，发现跨界环境影响评价制度只提供了一般原则，各国制定具体的执行内容和程序。虽然事后评估监测一直被认定为各利益相关方有效管理环境影响的必要手段，并遵循信息交换和维护各方利益的义务，但涉及跨界环境影响特征的项目时，却缺乏具体的法律要求和国家实践。

目前，国外环境影响后评价分为四类：一是项目管理环境影响后评价，目的是对项目管理活动进行环境影响后评价；二是过程开发环境影响后评价，主要是从活动中总结今后应该吸取的经验和教训；三是科学和技术环境影响后评价，主要处理影响预测的科学准确性和缓解措施的技术适宜性；四是程序和管理环境影响后评价，用于处理环境影响评价过程的有效性。

2.2　国内环境影响后评价发展综述

2.2.1　后评价的定位

（1）我国环境管理相关部门职能

对于监管建设项目所产生的环境影响，国家其他部委也有相应的职能和手段，通过梳理和分析这些监管手段，厘清环境影响后评价的侧重点。

根据《土地复垦条例》和《矿山地质环境保护规定》，由原国土资源部负责土地复垦的监督管理工作和矿山地质环境的保护工作。对于矿山企业，原国土资源部要求编制的《矿山地质环境保护与土地复垦方案》，主要内容包括矿区土地损毁、矿山地质灾害、含水层破坏、地形地貌景观（地质遗迹、人文景观）破坏和水土环境污染等问题。并且，为了进行事中、事后的监管，建设单位应于每年 12 月 31 日前向县级以上地方人民政府国土资源主管部门报告当年的土地损毁情况、土地复垦费用使用情况以及土地复垦工程实施情况，也应定期报告矿山地质环境情况，包括监测资料等。因此，国土资源主管部门在生态环境管理中的职能侧重于土地资源的合理保护以及矿山地质灾害的预防和治理。

根据《中华人民共和国水土保持法》和 2016 年 7 月新修订的《中华人民共和国水法》，由水行政主管部门负责水资源的统一管理、监督和水土保持工作。直接从江河、湖泊或地下取水并须申请取水许可证的新建、改建、扩建的建设项目需要编写《水资源论证报告》，对建设项目取用水的合理性、可靠性与可行性，取水与退水对周边水资源状况及其他取水户的影响进行分析；位于山区、丘陵区、风沙区以及水土保持规划中确定的容易发生水土流失的其他区域，开办可能造成水土流失的建设项目，建设单位也需要编写《水土保持方案》，论述项目建设可能产生的水土流失状况和治理的范围、目标、措施。因此，水行政主管部门在生态环境管理中的职能侧重于水资源的保护和防治水土流失。

根据国务院发布的原农业部主要职能和《中华人民共和国基本农田保护条例》，由农业主管部门负责耕地和基本农田的管理，拟订耕地及基本农田质量保护与改良政策并指导实施，制订并实施农业生态建设规划，指导农业面源污染治理有关工作。因此，农业主管部门在生态环境管理中的职能侧重于耕地资源的保护。

根据国务院发布的原国家林业局的主要职能和《中华人民共和国森林法》，由林业主管部门主管全国林业工作，在生态环境管理方面，主要涉及征收占用林地、退耕还林、沙化土地封禁保护区和湿地保护区的监管。因此，林业主管部门在生态环境管理中的职能侧重于森林资源的保护。

依据《中华人民共和国环境保护法》，生态环境主管部门职能是负责环境污染防治的监督管理和对生态保护的指导、协调和监督。对比以上国家部委的职能，生态环境主管部门更关注于生态环境质量的保护和环境污染的防治。环境影响后评价作为一种环境监管的手段，主要关注各环境要素环境质量的变化，整个生态系统的完整性、多样性和变化趋势，以及环境保护措施的有效性（表 2-2）。

表 2-2　我国生态保护管理体系中相关部门职能

相关部委	职能侧重
原国土资源部	土地资源的合理保护以及矿山地质灾害的预防和治理
水利部	水资源的保护和防治水土流失
原农业部	耕地资源的保护
原国家林业局	林地资源的保护
生态环境部	生态环境质量的保护和环境污染的防治

（2）环境影响评价与环境影响后评价的差异

环境影响后评价是环境影响评价的延伸，对环境影响评价结论和环保措施的有效性进行验证。两者在评价原则和方法上没有太大区别，均采用定量与定性相结合的方法，但由于两者介入的评价时点和目的不同，存在以下区别。

①评价介入时点不同。环境影响评价是在建设项目动工建设之前，通常在项目的可行性研究阶段，属于事前监管手段。环境影响后评价是在建设项目运行过程中介入，属于事中、事后监管手段。

②管理模式不同。环境影响评价应由具有相应环境影响评价资质的机构承担，环境影响后评价可由环境影响评价机构、工程设计单位、大专院校和相关评估机构承担，但原环境影响评价机构不得同时承担环境影响后评价。环境影响评价文件须经主管部门审批，环境影响后评价文件只须报原环境影响评价文件审批部门备案。

③评价目的不同。环境影响评价主要是对项目实施后的环境影响进行预测与分析，从环境角度论证项目的可行性。环境影响后评价主要针对累积性、持久性的实际环境影响进行评价，论证环保措施的有效性并提出改进措施，为环境管理部门提供监管依据。

④评价内容不同。环境影响评价主要对拟建项目可能产生的环境影响进行预测分析，并提出相应的防治措施。环境影响后评价主要对已显现的实际环境影响进行评价，验证原环境影响评价的完整性和科学性，提出补救方案和改进措施。

环境影响后评价不是对环境影响评价的简单重复，而是在生态文明新常态的要求下，依据最新的国家政策和环境管理制度要求，对决策水平、管理水平和实施效果进行严格检验和评价。在调查分析的基础上，发现问题，提出对策措施，并将环境影响后评价的结果与环境影响评价工作衔接，形成反馈机制，促进环境影响评价制度更加完善（表 2-3）。

表 2-3　环境影响评价与环境影响后评价的差异

	环境影响评价	环境影响后评价
介入时点	建设项目动工建设之前	建设项目运行过程中
管理模式	需经主管部门审批	报原环境影响评价文件审批部门备案
评价目的	论证项目环境保护措施及环境影响层面的可行性，为环境管理部门提供项目审批依据	论证环保措施的有效性并提出改进措施，为环境管理部门提供监管依据
评价内容	对拟建项目可能产生的环境影响进行预测分析，并提出相应的防治措施	对已显现的实际环境影响进行评价，验证原环境影响评价的完整性和科学性，提出补救方案和改进措施

2.2.2　后评价研究进展

1995 年，边归国、王华东等对当时环境影响评价存在的可操作性差、预测质量不高等问题进行了分析，提出重要污染性工程环境影响事后评价应作为环评管理的补充手段，论述了事后评价的对象、内容、工作程序、评价精度和可行性程度的检验及编制原则。

1998 年，杨春伟论述了当时环境影响评价方法存在的问题，结合铁路沿线环境影响评价后出现的环境污染事件，论述了环境影响事后（回顾）评价的必要性。同年，周世良提出环境影响后评估是建设项目搞好环保工作的重要一环，也是提高环评工作质量的重要措施，并论述了环境后评估的目的、对象、内容和验证性评价的方法。

2001 年，王国长、黄湘穗等提出环境影响后评估是提高环境影响评价有效性的重要手段，并以福建省龙海角美工业综合开发区环境影响后评估为实例，论述了工业综合开发区环境影响后评估的主要内容和技术路线。同年，董小林、赵剑强等阐述了建立公路建设项目环境后评价制度的重要性和必要性，将环境后评价定位于项目运营期评价和项目决策实施效率等信息的反馈，并讨论了建立环境后评价制度的作用、组织和工作程序。

2003 年，黄德春、许长新等对国外项目后评价研究发现，国外项目后评价已经形成较为完善的体系，评价的内容、方法由单一向多样发展。项目后评价由单一的财务评价，向包括财务、经济、环境、社会等在内的多种评价方法演变，评价内容、对象逐渐增多。财务评价中，财务的可行性是主要评价目标；经济评价中，社会费用与效益或项目的经济可行性是主要评价目标；环境评价中，项目建设与环境保护之间的相互关系受到重视；社会评价中，人作为经济与社会发展主体，在项目建设中的作用、地位更突出。项目后评价倾向于对投资项目事中、事后管理。

2004 年，国内学者吴丽娜、吴照浩等对环境影响后评价的提法有环境影响后评价、回顾性评价、跟踪评价、有效性评价和验证性评价等。2002 年通过的《环境影响评价法》对环境影响评价做出了明确要求。环境影响后评价是指对建设项目实施后的环境影响，以及防范措施的有效性进行跟踪监测和验证性评价，并提出补救方案或措施，以实现项目建设与环境相协调的方法与制度。

2007 年，蔡文祥、刘华、沈毅等对环境影响后评价的内容进行了研究探讨，认为环境影响后评价的内容应根据建设项目的特点、环境热点和原环评报告的内容确定。

2009 年，张树礼开展了煤田开发环境影响后评价理论与实践的研究，主要内容包括环境影响后评价框架、后评价内容及技术方法体系，并以伊敏露天矿、黑岱沟露天矿和胜利一号露天矿为例开展了后评价。

2010 年，蔡兆亮、胡恭任等对煤炭开采环境影响后评价的主要内容进行了系统研究，并以金宝屯煤矿后评价为实例，得出应以采区或工作面为对象，开展地表沉陷和地下水专题后评价工作的结论。

2013 年，刘文荣、麦方代等通过对井工煤矿生态影响后评价内容与方法的研究，认为累积生态影响评价与生态损益分析为评价重点，并结合实例对基于“3S”技术的累积生态影响评价技术方法及流程进行了说明和验证。

2014年，陈凯麒、王东胜、麦方代、沈毅等的研究表明，目前环境影响后评价研究主要集中在水库工程环境影响后评价技术方法体系、煤炭开采工程环境影响后评价技术方法体系，以及公路工程环境影响后评价技术方法体系。技术方法主要以生态损益评估技术方法和环境保护措施有效性评估技术方法为主。环境保护措施有效性评估主要研究内容包括评估重点、评估范围及评估内容；生态损益评估主要是以计量经济学为基础。

2015年，张存建对塔山煤矿矿井建设项目环境影响后评价进行了相关研究。2016年，连忠廉对海洋环境影响后评价的标准化进行了探讨。近年来，有关专家学者在水利项目环境影响后评价方面进行了大量研究，但对水利风景区建设后环境影响评价研究较少。2017年，董青、汪升华等对水利风景区建设后环境影响评价进行了研究。

综上所述，国内关于煤炭采掘项目环境影响后评价的研究主要集中在后评价理论技术方面，包括后评价基本模型、技术方法和管理机制等；现有研究成果在不同区域、不同开采类型项目环境影响后评价介入时机、评价周期、评价重点和验证方法适用性等方面缺少系统性研究。

2.2.3 后评价开展范围与审批规定

为规范建设项目环境影响后评价工作，根据《中华人民共和国环境影响评价法》，制定《建设项目环境影响后评价管理办法（试行）》（以下简称《办法》），由原环境保护部部务会议于2015年4月2日审议通过，自2016年1月1日起施行。《办法》规定了环境影响后评价的定义、开展范围、原则、审批部门及环境影响后评价文件所含主要内容等。

（1）环境影响后评价定义

《办法》规定：环境影响后评价，是指编制环境影响报告书的建设项目在通过环境保护设施竣工验收且稳定运行一定时期后，对其实际产生的环境影响以及污染防治、生态保护和风险防范措施的有效性进行跟踪监测和验证评价，并提出补救方案或者改进措施，提高环境影响评价有效性的方法与制度。

（2）环境影响后评价开展范围

下列建设项目运行过程中产生不符合经审批的环境影响报告书情形的，应当开展环境影响后评价。

①水利、水电、采掘、港口、铁路行业中实际环境影响程度和范围较大，且主要环境影响在项目建成运行一定时期后逐步显现的建设项目，以及其他行业中穿越重要生态环境敏感区的建设项目；

②冶金、石化和化工行业中有重大环境风险，建设地点敏感，且持续排放重金属或者持久性有机污染物的建设项目；

③审批环境影响报告书的生态环境主管部门认为应当开展环境影响后评价的其他建设项目。

（3）环境影响后评价审批规定

建设项目环境影响后评价的管理，由审批该建设项目环境影响报告书的环境保护主管部门负责。

生态环境部组织制定环境影响后评价技术规范，指导跨行政区域、跨流域和重大敏感项目的环境影响后评价工作。

（4）环境影响后评价文件主要内容

建设项目环境影响后评价文件应包括以下内容。

①建设项目过程回顾。包括环境影响评价、环境保护措施落实、环境保护设施竣工验收、环境监测情况，以及公众意见收集调查情况等。

②建设项目工程评价。包括项目地点、规模、生产工艺或者运行调度方式，环境污染或者生态影响的来源、影响方式、程度和范围等。

③区域环境变化评价。包括建设项目周围区域环境敏感目标变化、污染源或者其他影响源变化、环境质量现状和变化趋势分析等。

④环境保护措施有效性评估。包括环境影响报告书规定的污染防治、生态保护和风险防范措施是否适用、有效，能否达到国家或者地方相关法律、法规、标

准的要求等。

⑤环境影响预测验证。包括主要环境要素的预测影响与实际影响的差异，原环境影响报告书内容和结论有无重大漏项或者明显错误，持久性、累积性和不确定性环境影响的表现等。

⑥环境保护补救方案和改进措施。

⑦环境影响后评价结论。

2.2.4 煤炭采掘行业环境影响评价常用技术方法

煤炭采掘项目属于生态影响类建设项目，其开发活动产生的环境影响具有潜在性、长期性和累积性。相对煤矿项目对地表水环境、大气环境和声环境的影响，常规环境保护措施无法短期内解决项目开发所造成的生态环境影响和地下水环境影响，其环境影响将随着煤矿服务时间的延续而不断累积显现，环境保护措施需根据实际情况进行不断地补充和完善。因此，对生态环境和地下水环境的评价是煤炭采掘行业环境影响评价的重点。

（1）生态环境影响评价方法

煤炭采掘行业对生态环境的影响主要表现为表土剥离等土地利用现状的改变所引发的景观生态和物种生存问题；煤矿开采导致的地质灾害所引发的生态环境损害问题；井工开采引起的地面不均匀沉降或塌陷所引发的生态环境问题；矸石堆放所引发的生态环境问题。

针对上述生态问题，煤炭采掘环境影响评价通常以地表沉陷、土壤环境质量以及景观生态作为生态评价重点。常用的调查方法主要有收集资料法、现场踏勘法、专家与公众咨询法、生态监测法以及遥感调查法。

常用的生态影响评价方法主要有列表清单法、图形叠置法、生态机理法、景观生态学法、指数法与综合指数法、类比分析法、系统分析法和生物多样性评价法。

（2）地下水环境影响评价方法

地下水环境影响评价的基本任务，包括识别地下水环境影响，确定评价等级；地下水环境现状调查，完成现状监测与评价；预测和评价建设项目对地下水水质可能造成的直接影响，提出防控措施。

煤炭采掘行业地下水环境现状调查常用资料收集法、现场勘查法和现状实测法，收集和实测评价区域的水文地质条件、地下水污染源、地下水环境质量等现状评价基础数据。

地下水环境影响评价新导则实施前，煤炭采掘行业地下水环境影响评价以地下水资源和地下水环境质量为评价重点，常用方法为地下水均衡法、解析法、数值法三种地下水预测模型。2016 年，地下水环境影响评价新导则实施后，地下水环境影响评价更注重地下水环境质量的评价，煤炭采掘行业的项目评价等级为二级或三级，要求在研判区域环境水文地质条件、地下水开发利用现状与规划和地下水环境质量现状的基础上，根据评价工作的等级，采用解析法、数值法或者类比分析法，分析污染物运移趋势和对环境保护目标的影响，并提出地下水环境保护措施和跟踪监测计划。

第 3 章

分区煤炭采掘行业环境影响后评价重点

通过对煤炭行业现有环境影响后评价管理政策的梳理发现，我国过去的环境影响后评价管理主要是针对整个行业进行的，对地区环境差异考虑尚有所欠缺，然而，不同煤炭资源富集区的自然条件差异巨大，对地表沉陷、矿井水疏排、煤矸石占地等具体影响行为的承受能力不同，在环境管理上统一要求显然是不科学的（耿海清，2008）。

煤炭开发作为我国最主要的资源开发活动，应根据区域资源环境承载能力，制定差别化的环境影响后评价管理政策，提高环境管理的有效性。划分煤炭行业环境影响后评价管理类型区的目的，在于根据区域煤炭资源赋存条件、资源环境承载能力、煤炭开发现状、国家能源需求等因素，在全国划分煤炭行业环境影响后评价管理类型区并筛选分区域的后评价重点，实现行业管理和区域管理的有机结合，从而使环境影响后评价管理政策更有针对性和可操作性。

全国主要产煤区环境特征差异较大，采煤的生态影响各具特点。同时，井工煤矿与露天煤矿在不同区域的生态影响也表现出较大差异，因此，其生态环境影响后评价的技术方法侧重点各有不同。根据煤炭开采的主要生态影响特征的不同，分为中西部黄土丘陵沟壑区、黄淮高潜水位平原区、蒙东草原区、新疆戈壁荒漠区、云贵川喀斯特地貌区、陕蒙宁风积沙区六大区域。

3.1　中西部黄土丘陵沟壑区

3.1.1　地理分布

中西部黄土丘陵沟壑区主要分布在我国黄河的中游和黄土高原的北部地区，地跨黄河干流峡谷两侧，遍及我国河南、山西、陕西、内蒙古、宁夏、甘肃、青海大部，是黄土高原地区 9 个主要类型区（黄土丘陵沟壑区、黄土高原沟壑区、土石山区、黄土阶地区、冲积平原区、高地草原区、干旱草原区、风沙区和林区）中占比最大的区域，也是水土流失最严重的区域。中西部黄土丘陵沟壑区面积约为 21.18 万 km^2（柴春山，2006），其中，沟谷面积占 30%～70%，在大部分地区其面积超过了梁峁的面积（张天曾，1993）。在我国规划的 14 大煤炭基地中，晋北基地、晋中基地、晋东基地、宁东基地（萌城矿区）、黄陇基地、陕北基地东部（榆横矿区南区、榆神矿区长城以南）、神东基地东部（神东矿区大柳塔矿以南、府谷矿区、准格尔矿区）以及河南基地西部（义马矿区）位于该区。

3.1.2　区域环境特征

由于水蚀、重力侵蚀严重以及不同构造带的抬升，中西部黄土丘陵沟壑区的地形地貌主要以梁筛状丘陵为主，地形破碎、沟壑纵横、坡陡沟深，15°以上的坡面面积占总面积的 50%～70%，地表破碎度在 40%以上，依据内部地形地貌的差异，中西部黄土丘陵沟壑区又可分为 5 个副区（表 3-1）（陈鹏飞，2010）。

第 1～2 副区主要分布于陕西、山西、内蒙古三省（区），面积约为 9.16 万 km^2，该区以梁峁状丘陵为主，沟壑密度为 3～7 km/km^2，沟道深度为 100～300 m，多呈“U”形或“V”形，沟壑面积大，沟间地与沟谷地的面积比为 4∶6。第 3～5 副区主要分布于青海、宁夏、甘肃、河南四省（区），面积约为 12.02 万 km^2，该区以梁状丘陵为主，沟壑密度为 1～4 km/km^2。

表 3-1 中西部黄土丘陵沟壑区的五类分区

类型区	地貌特征	沟壑密度/（km/km²）	地面坡度组成/%				水土流失特点
			＜5°	5°～15°	15°～25°	＞25°	
第 1 副区	峁状丘陵破碎	3～7	9	7	16	68	沟蚀、面蚀均很严重
第 2 副区	峁状丘陵间有残塬	3～5	7	19	22	52	沟蚀、面蚀均很严重
第 3 副区	梁状丘陵为主	2～4	7	32	42	19	面蚀为主，沟蚀次之
第 4 副区	梁状丘陵为主	2～4	8	21	40	31	面蚀为主，沟蚀次之
第 5 副区	平梁大峁有山间盆地	1～3	21	27	39	13	面蚀为主，沟蚀次之

中西部黄土丘陵沟壑区是世界上黄土堆积最厚的地区，风成黄土具有垂直节理，土壤结构松散，下渗性强，遇水湿陷，抗冲性差，一遇雨水极易冲刷的特殊地形地貌、松散的土壤结构的特点，使水土流失极为严重。除部分残塬比较平坦外，全区大都为丘陵山地与丘陵沟壑。地面起伏不平、切割严重、支离破碎、坡陡沟深，这是长期水土流失的结果。

中西部黄土丘陵沟壑区大部分属于干旱、半干旱地区，地表水和地下水贫缺，雨水资源是农业生产的主要水源，且区域降水量小，蒸发势强，干旱频繁。河流主要为黄河水系，但在高原腹地，多为季节性河流，几乎无多年调节的水利工程，多为塘坝、水窖及集雨池等。降雨在时间上分布不均，由于中西部黄土丘陵沟壑区属大陆性季风气候区，冬季受大陆冷气团控制，气候寒冷干燥，雨雪稀少；春季受太平洋暖湿气流影响较弱，干旱多风；夏季受太平洋负高压影响，干旱与雨涝交错并存；秋季暖湿的海洋气团受到冷空气的影响，降雨较多。降水量年内分配变化大，6—10 月降水量占全年降水量的 65%～80%。空间分布也极不均匀，由于地形的特点，地面的支离破碎，地高水低，同时农田大多分布在坡面上，引水困难，既不利于蓄洪也不利于灌溉，更加剧了水资源的短缺和干旱的威胁。从小区域来说，中西部黄土丘陵沟壑区上部台地干旱缺水，降水难留；沟谷下部，泉水出露，细流不断，大多数不能被很好利用，白白流失（高世铭等，2003）。黄土丘陵沟壑地区深厚（一般厚度为 50～200 m，已知最厚达 339 m）的黄土性土壤持水能力达 200～300 mm/m，能够截留并保持大部分乃至全部入渗水量，减弱了降雨转化为地下径流的可能性；同时，该区主要地貌类型为塬、梁和筛，四周均被切割至基岩的沟谷所包围，埋藏较深的地下水很难通过毛管力上升到地表，参与土壤水分的循环。另外，由于黄土高原土壤质地均一、土层深厚、垂直节理发育，在土体上部一般不存在倾斜且不透水的层次，加上土壤相对湿度较低，壤中流（饱和、非饱和侧向沿坡向下流）很难发生，土体中水分的流动主要是垂直方向上的。因此，黄土高原土壤水分的循环是比较单纯的降雨入渗和上行蒸散过程，蒸发和蒸腾是土壤水分支出的主要途径，地下水不直接参与土壤水分的循环过程。

黄土高原地区天然次生森林植被资源呈集中分布的状态，主要分布在土层浅薄的土石山区，而在中西部黄土丘陵沟壑区基本上没有成片的天然次生乔木，主要在阳坡区域分布一些天然侧柏林，在水分条件较好地段，还零星有一些白皮松、山杨及辽东栎混交林等，其主要的乔木群落类型还是人工油松林，有少量的刺槐林。中西部黄土丘陵沟壑区的大部分区域主要植被为灌丛植被，包括黄刺玫灌丛、枸子灌丛、山桃灌丛、丁香灌丛等，枸子灌丛主要分布在阴坡及半阴坡地段。

中西部黄土丘陵沟壑区的植被分布上还具有一些特点。梁峁上受地带性气候所控制，土壤、植被表现出明显的地带性特征，但由于沟谷的切割，水的再分配较明显，梁峁环境趋于旱化，故构成一个特殊的梁峁系统。在这一系统中，一些耐旱的非地带性的植被类型常常可以分布在梁峁上，并成为稳定的群落长期存在；沟谷中，虽仍受地带性气候的显著影响，由于下切的沟谷对水热的再分配和黄河谷地干暖气流的影响，表现出阴坡凉湿、阳坡干暖、沟底暖湿的小气候，与地带性植被类型、土壤类型比较，在沟谷系统中的植被类型、土壤类型均表现出较高的多样性和复杂性，深切的沟谷系统和突兀的梁峁系统共同构成了一个独特的“沟谷-梁峁复合系统”，复合系统内水热分异明显，在植被类型上表现独特。总的来说，由于本地区降水量较少，植被以矮草、灌木和旱生作物为主，覆盖率较低，生态环境脆弱。

当植被遭受破坏时，也比较难以恢复，这是因为黄土丘陵地区植物光热的生产潜势远大于水分的生产潜势，人工植被普遍出现了生物产量高、生态用水大、降水补给不足、土壤干化严重的现象。水分为影响植物生长发育的主要限制因子，水分环境的好坏制约着植物生产力的高低，在黄土丘陵地区，农田、草地和人工林地均存在不同程度的水分亏缺，即使经过雨季，某些土层土壤水分也不能恢复到正常水平，形成所谓的土壤干层，限制了农作物的生产，并导致了许多人工植被因水分亏缺而衰败，甚至成片死亡，这严重制约了中西部黄土丘陵沟壑区的生态环境建设。

中西部黄土丘陵沟壑区的典型地形地貌特征见图 3-1。

图 3-1　中西部黄土丘陵沟壑区典型地形地貌特征

该区的煤层主要为石炭-二叠系和侏罗系。其中山西省的煤层主要为石炭-二叠系山西组和太原组，山西组和太原组共含煤层 13～18 层，一般含可采煤层 4～8 层，山西省各煤田煤层情况见表 3-2（杨长奇，2013）。山西组煤层厚度一般为 3～6 m，变化趋势是西部、东南部较厚，中部较薄，石炭系太原组煤层厚度为 5～20 m，变化趋势是西北厚，南部薄。

山西省水文地质中，孔隙及裂隙含水层位于二叠系煤层之上，富水性较弱，仅在山间沟谷地段孔隙含水层富水性较强，二叠系煤层冒落裂隙带高度主要发育在裂隙含水层之中，在煤层埋藏较浅处，发育至孔隙水中；石炭系煤层上部为裂隙岩溶含水层，下部为岩溶含水层，在山西省各煤炭基地太灰含水层厚度薄，富水性较差。

表 3-2　山西省各煤田煤层情况一览表

煤田		太原组 C_{3t}		山西组 P_{1s}	
		含煤层数	主要可采煤层	含煤层数	主要可采煤层
大同煤田		9～12	2、3、5、8	5～6	1、4
宁武煤田		7～10	9、11	4～6	3、4
西山煤田		7～8	7、8、9	4～9	1、2、3
霍西煤田		7～9	9、10、11	3～4	2、3
沁水煤田		8～10	8、9、14、15	6～7	2、3、6
河东煤田	北	7	9、10、11、13	8	6、8
	中	5～7	6、8、9、10	5～8	2、3、4、5
	南	3～7	7、10、12	3～6	1、2、3

其余地方主要含煤层为侏罗系，含煤 10～15 层，煤层总厚度为 5～48 m；可采及局部可采煤层 5～8 层，单层厚度为 0～9 m，累计厚度多为 5～10 m，最大超过 30 m。受煤系沉积环境的控制，由北向南，由西向东，煤层发育程度变差。地下含水层中第四系孔隙含水层和白垩系裂隙含水层位于主采煤层之上，富水性均较好，矿区边缘地带采煤导水裂隙带高度发育至第四系孔隙含水层，局部地段发育至地表，矿区中部煤层埋藏较深，采煤导水裂隙带高度发育至白垩系裂隙和第四系孔隙含水层，矿区深部煤层埋藏深，且白垩系裂隙含水层厚度大，采煤导水裂隙带高度仅发育至白垩系裂隙含水层。而神东基地的神东矿区、准格尔矿区侏罗系煤层埋藏浅，煤层之上主要发育第四系萨拉乌苏组孔隙含水层，富水性强，采煤导水裂隙带高度可发育至第四系萨拉乌苏组孔隙含水层，甚至达到地表。

3.1.3　煤炭开采主要环境影响特点

煤炭开采首先造成了大面积的地表沉陷，并且由于煤层上覆黄土较厚且抗变形能力差，所以采煤引发的地表变形较大，对地表建（构）筑物破坏等级较高，并会诱发滑坡、泥石流、地表裂缝和陡峭山体出现崩塌等，改变局部区域地表形态，造成了严重的土地、植被破坏和水土流失，如山西省在 1949—2002 年年底，采空塌陷耕地 24 200 hm^2，园地 612 hm^2，林地 434 hm^2，且以年 50 km^2 的速度增加。

本区地处半干旱区，降水量少，水资源短缺，地下水成为许多地方的主要供水，长期煤炭开采破坏地质环境，同时也破坏了浅、中、深层地下水资源的补给、径流与排泄条件，造成地下含水层疏干、地表水系断流、水质污染。由于连年大量的过度采煤，本区的水资源破坏十分严重，如陕西省神木县境内就已经干涸了 20 余个泉眼，10 余条河流断流，永兴沟、黄羊城沟、西沟、孙家岔沟、朱盖沟以及石窑店沟，这些河流在对煤炭资源进行开采之前的枯水期流量分别为 0.2 m^3/s、0.1 m^3/s、0.3 m^3/s、0.15 m^3/s、0.3 m^3/s 以及 0.25 m^3/s，但是随着对煤层的高强度开发，近年来，上述河流陆续断流，没有断流的河流流水量也仅为原来流水量的 30%～40%。山西省的采煤对水资源破坏面积已达 2 万 km^2，占全省面积的 13%，全省 69%的河段完全失去使用功能，另外，由于破坏煤层下伏的岩溶含水层后，造成山西著名的三大泉的水量减少或枯竭，太原地区由于西山煤矿开采造成晋祠难老泉的消失，阳泉地区煤矿开采造成娘子关泉的流量严重减少，神头电厂造成神头泉水的流量减少等。

3.1.4　环境影响后评价重点关注问题

本区域大部分属于干旱、半干旱地区，地表水和地下水比较贫缺，为土壤结构松散、下渗性强、遇水湿陷、抗冲性差、一遇雨水极易冲刷的特殊地形地貌，主要植被也为灌丛植被，乔木植被相对较少，煤层上覆黄土较厚且抗变形能力差。当煤层开采时，造成了严重的土地、植被破坏和水土流失，并且难以恢复，同时对水资源破坏十分严重，地下含水层疏干、地表水系断流、水质污染现象十分严重。因此，本区域在后评价中重点关注采煤塌陷所造成的土地和植被破坏、生态影响程度和生态恢复措施有效性，以及对地下水资源和具有供水意义的河流、泉眼的影响。

3.2 黄淮高潜水位平原区

3.2.1 地理分布

高潜水位的煤矿主要位于我国东部华北平原和长江中下游平原地下水埋深较浅的地区，包括河北、河南、山东、安徽和江苏等地（黄先栋，2017），规划建设的大型煤炭基地有冀中基地、鲁西基地、河南基地（东部）和两淮基地。该区农业资源丰富，是我国重要的产粮区，并因国民经济发展需要，煤炭开采历史长、开采强度大，煤炭开发方式主要为井工开采。

3.2.2 区域环境特征

该区域大部分为平原，农业生产普遍历史悠久，人口密度高，城镇星罗棋布，耕地面积大，土壤肥沃，是中国重要的粮食和棉花生产基地。根据中国统计年鉴统计分析表明，研究区占全国土地面积的 7.84%，分布有全国 29.78%的总人口，其中耕地面积占 26.49%，粮食产量占全国粮食产量的 34.28%。区域内平均海拔低于 50 m，东部沿海平原地区海拔更低，普遍低于 10 m。

因此，虽然该区域大部分属暖温带落叶阔叶林带，但原生植被早被农作物所取代，仅在太行山、燕山山麓边缘生长旱生、半旱生灌丛或灌草丛，局部沟谷或山麓丘陵阴坡出现小片落叶阔叶林，南部接近亚热带，散生马尾松、朴、柘、化香树等乔木。广大平原的田间路旁，以禾本科、菊科、蓼科、藜科等组成的草甸植被为主，未开垦的黄河及海河一些支流泛滥淤积的沙地、沙丘上，生长有沙蓬、虫实、蒺藜等沙生植物。平原上的湖淀洼地，不少低湿沼泽生长芦苇，局部水域生长荆三棱、湖瓜草、莲、芡实、菱等水生植物。黄淮高潜水位平原区的典型地形地貌特征如图 3-2 所示。

图 3-2　黄淮高潜水位平原区典型地形地貌特征

本区域主要含煤地层为二叠系，其次为石炭系，少数矿区侏罗系也发育有可采煤层。①冀中基地邯郸矿区、峰峰矿区、邢台矿区、井陉矿区及平原大型煤田二叠系下统山西组含煤层2～10层，可采煤层1～5层，平原大型煤田较厚为8～26 m，其他矿区为10 m左右，石炭系上统太原组含煤层3～14层，邯郸矿区、峰峰矿区可采煤层5～7层，邢台矿区可采及局部可采煤层4～7层，厚度为6.2～29.18 m；开滦矿区二叠系唐家山组及大苗庄组含可采及局部可采煤层6层，厚度为0.63～36.33 m，石炭系为上统赵各庄组、开平组，含煤层20～23层，其中可采及局部可采煤层4～7层，煤层厚度为0～39.49 m。②鲁西基地二叠系含煤层3～6层，可采煤层1～4层，其中第3层煤为稳定可采煤层，第2层为局部可采，新汶矿区煤层厚度为0.04～11.86 m，枣滕矿区煤层厚度为0～19.46 m，济宁矿区煤层厚度为0～23.96 m，巨野矿区煤层厚度为0～19.09 m，其他矿区为10 m左右；石炭系共含厚层及薄层煤24～30层，可采和局部可采煤层8层，黄河北矿区最厚，为0.6～18.24 m，巨野最薄，为0～7.45 m，一般厚度为10 m左右。③河南基地二叠系含煤层5～27层，其中永夏矿区可采及局部可采煤层有6层，平顶山矿区含可采及局部可采煤层2～4层，其他矿区1层，郑州矿区煤层厚度为0～34.74 m，平顶山矿区煤层厚度为0.20～23.92 m，其他矿区为10 m左右；石炭系含煤层12～32层，主要可采煤层总厚度为5～20 m，可采煤层2～7层，郑州矿区可采煤层厚度为0～29.57 m，其他矿区为10 m左右。④两淮基地主要为二叠系煤层，淮北矿区可采及局部可采煤层9层，煤层厚度为0.1～76.52 m；淮南矿区11层，煤层厚度为1.03～99.4 m，平均厚度为27.53 m。

本区的地下水依据赋存条件及水力特征可分为孔隙水、裂隙水和岩溶水。孔隙及裂隙含水层位于二叠系煤层之上，富水性较弱，仅在山间沟谷地段孔隙含水层富水性较强，二叠系煤层冒落裂隙带高度主要发育在裂隙含水层之中，在煤层埋藏较浅处，发育至孔隙水中；石炭系煤层上部为裂隙岩溶含水层，下部为岩溶含水层，其中岩溶含水层厚度大，层数多，富水性较强，且煤层底板距岩溶含水层较近，在水头压力作用下，使奥陶系岩溶水向上进入矿井，形成矿坑涌突水。

本区的潜水含水层水位也较高，距地表基本在 1～5 m，其中枣滕、济宁、兖州等开采区地下水水位为 1.5～3 m，安徽皖北、淮南、淮北等开采区地下水水位为 1.5～3.5 m，河南省永夏矿区地下水水位为 1～4 m，河北省开滦矿区地下水水位为 1～3 m（鹿士明，2002）。

3.2.3　煤炭开采主要环境影响特点

黄淮高潜水位平原区地势较为平坦，煤炭资源较为丰富，开采深度一般较大，技术上的开发强度较高，开采历史也相对悠久，是我国煤炭资源开采最充足的地区。加上本区域煤层倾角较小，累计煤层厚度大，可开采煤层数量多，地表下沉的系数大（厚松散层煤层初采时开采塌陷下沉系数接近或大于 1），又是多煤层重复开采，因此煤层开采引起的地表沉降面积和深度都较大，地表耕地长期处于动态塌陷过程中。如山东的济宁煤矿、兖州煤矿的煤炭开采始于 20 世纪 60 年代末，多数可开采的煤层厚度在 8～12 m，即使薄煤层也有 2～3 m，煤层的倾角平均在 4°，塌陷深度达到 6～9 m；山东菏泽巨野矿区的三煤层厚度在 6～8 m，煤层倾角 5°～10°，煤炭开采沉陷系数为 0.8～0.9，一般有着 5～7 m 的塌陷深度；安徽省淮南矿区开采历史超过 110 年，可开采煤层 9～18 层，煤层倾角一般不到 10°，其中潘谢新矿区的最大沉降深度达到 19.8 m；安徽北部每开采 1 m 深的煤炭就会造成 0.6～0.7 m 地面塌陷。因大部分矿区属近水平厚松散层煤层群开采，导致地表多次重复塌陷，长达几十年塌陷区不能稳定，导致开采时间、塌陷时间、稳沉时间都很长，地表耕地累积塌陷深度少则 2～5 m，多则 20～30 m（杨光华，2014）。

另外，本区域降水量大，水资源相对丰富，地下水水位又较高，当地下煤炭资源开采以后，在开采沉陷和雨水、风力等因素的综合作用下，使得地表不只产生塌陷，还会形成深浅不等、大小不一的各自封闭式的塌陷水面，地表由采矿前的陆地生态环境演变为采矿后的水生生态环境。塌陷水面一般中部深、四周浅，类似于天然湖泊，水面面积从几亩到数千亩不等，积水深度与煤层开采厚度、潜水位标高、外河水位等因素有关。煤层刚开始开采时，地表塌陷不明显，在潜水位的季节性变化下一般形成的是季节性积水区，但随着矿井的持续开采，地表进一步塌陷，塌陷区面积也不断扩大，在外来水源排入或大气降水的作用下，季节性积水区大部分会演变为常年积水区，这就造成了土地利用方式的永久性改变。而本区域煤炭资源和耕地资源在空间分布上具有高度的重合性，因此采矿沉陷积水会引起相当严重的耕地损毁，给当地的农业经济和农民带来巨大的损失。如山东菏泽市巨野矿区龙固矿、彭庄矿、郭屯矿在 2012 年已形成采煤塌陷地 1.03 万亩，其中常年积水 1 854 亩，季节性积水 2 100 亩，经过预测，到 2025 年会累计塌陷土地 19.4 万亩，闭矿时积水面积近 60 万亩，形成塌陷地近百万亩，占巨野矿区面积的 87%，将造成 32 万农民无地可种。

3.2.4 环境影响后评价重点关注问题

如上所述，本区域大部分为平原，人口密度高，耕地面积大，土壤肥沃，是我国重要的粮食生产基地，植被也主要为农作物。当进行煤炭开采后，主要的生态影响在开采沉陷和雨水、风力等因素的综合作用下，使得地表不只产生塌陷，还会形成深浅不等、大小不一的各自封闭式的塌陷水面，从而造成耕地的永久性损失、农民失业等较为棘手的社会影响。

因此，本区域在后评价中的重点为采矿所产生的沉陷积水情况、对耕地和农业产生的影响，以及减缓沉陷影响措施的实施情况。

3.3 蒙东草原区

3.3.1 地理分布

蒙东草原区分布在内蒙古东部的呼伦贝尔市、通辽市、赤峰市、兴安盟和锡林郭勒盟，以下简称蒙东地区（李会强，2014）。东南与黑龙江省、吉林省、辽宁省和河北省毗邻，北与俄罗斯、蒙古国接壤，属于 14 大煤炭基地中蒙东基地区域内，主要含煤盆地为海拉尔盆地与二连盆地，海拉尔盆地总体呈北北东—南南西向展布于西带北部，其主体部分位于内蒙古东部海拉尔—伊敏地区；二连盆地呈北北东—南南西向展布于西带南部，位于内蒙古苏尼特右旗—多伦地区，分布有扎赉诺尔、宝日希勒、伊敏、大雁、霍林河、平庄、白音华、胜利等大型矿区。

3.3.2　区域环境特征

内蒙古东部地区地形起伏不平，其宏观显示为略有起伏的高平原，区内地形起伏呈缓坡状，大的地貌特征为高原低山缓坡状丘陵，剥蚀堆积地形，冲洪积平原，地形呈东北高，西南低，区内大多为广阔的草原和起伏很小的丘陵地带；区内土地贫瘠，耕作条件差，土地生产力低，地表遍生牧草少树木，土地利用类型主要为林草地。

蒙东地区属于寒温带、中温带大陆性季风气候和半干旱季风气候，大部分地区属于半干旱气候区，春季干旱多风，夏季短促温热，秋季霜冻早，冬季寒冷漫长，且寒暑温差较大，昼夜温度变化显著。根据《中国植被及其地理格局》（张新时，2007），该区属于温带草原区域—东部草原亚区域—温带北部草原地带—温带北部典型草原亚地带—内蒙古高原东部大针茅、克氏针茅草原区。区内植被是在其所处位置特有的自然条件和人类生产活动的综合影响下形成的，在地貌、气候、水文、土壤等自然要素的制约下，本区植被具有生长缓慢、生长期短的特点，区内分布较为广泛的植被为杂类草的大针茅草原和羊草草原。主要分布有禾草杂类草甸草场，根茎、丛生禾草、干草原草场，根茎、丛生禾草、干平原草场，高大植物草本草场和林地；植被类型为多年生草本植物，属短草植被类型，以耐旱的多年生根茎禾本科草类为主；植物有明显的旱生形态，如叶子卷曲、细长，深根系，茎、叶上有茸毛等；本区域可以划分为森林草原、草甸草原、典型草原和荒漠化草原；由于长期以来受大面积垦荒、过牧、烧荒、打柴、挖药和采掘业发展的影响，草地退化相当严重，原始植被的面积已经很小。本区域典型地形地貌特征如图 3-3 所示。

图 3-3　蒙东草原区典型地形地貌特征

由于区内地理位置和地形的差异大，地区间降水量差别较大，如内蒙古东部大兴安岭林区属于半湿润气候区，其余地区基本位于半干旱气候区，蒙东地区总的气候特征为年降水总量少，降雨日数少，局地性暴雨较多，但降水集中、雨热同季。根据内蒙古气象局统计数据，内蒙古东部区年降水量为 250～510 mm，多年区域平均年降水量为 380 mm，降水量最多的区域位于大兴安岭山区，为 460 mm 以上，降水量最少的区域位于大兴安岭岭北地区，为 250～300 mm，内蒙古东部降水量总量少，是内蒙古东部区农牧业、林业生产不稳定的主要原因。降水量还具有雨量集中、水热同期的特点，局地性暴雨多，导致局地性洪涝灾害时有发生。蒸发量的分布与降水量相反，其特点为越是少雨地区，由于日照充足，地表植被稀疏，蒸发量越大。

区内主要土壤类型有栗钙土、草甸土、沼泽土、碱土和粗骨土。土壤分布受地带性成土因素作用，具有明显的地带性特征，即黑钙土地带—栗钙土地带（暗栗钙土亚地带—淡栗钙土亚地带），由东南向西北有规律地更替，局部地区受水文、地质、成土母质等因素影响，出现一些非地带性土壤。其中，沙土主要分布在南部，沼泽土、草甸土分布在锡林河中上游地区，下游地区由于排水不良，分布有盐碱地，土壤瘠薄。

依据含水介质的空隙类型，地下水的补、径、排条件，以及含水层的富水性可将区内的含水层划分为两大含水岩组，即第四系孔隙含水岩组和白垩纪下统大磨拐河组裂隙—孔隙含水岩组。含水层岩性以煤层、沙砾岩、粗砂岩及中砂岩为主；隔水层以泥岩、粉砂岩和细砂岩为主。蒙东基地主要发育侏罗系煤层，孔隙和裂隙含水层位于主采煤层之上，其煤层也多为含水层，富水性较强，煤层埋藏浅的部分采煤导水裂隙带高度发育至第四系孔隙含水层，局部地段发育至地表，煤层埋藏深的部分，采煤导水裂隙带高度仅发育至裂隙含水层。本区地质构造大部分地段属于简单构造，局部地段有少量断层，属于中等构造；主要煤层大部分地段属于稳定类型，局部地段有分叉、灭尖现象。地层有上泥盆变质岩系上侏罗统龙江组，扎赉诺尔群大磨拐河组；白垩系上统青冈组，新生界第四系全新统等。

蒙东地区生态环境脆弱，全区大部分属于干旱、半干旱草原或半荒漠草原，自然降雨补给量小，水资源贫乏，缺水严重，但仍有居民为了生存，在这些贫瘠、不适合大量开垦的土地上种植作物、游牧等，且既无防护也无施肥，地力用尽便弃耕另垦，导致土地沙化、草场退化等问题更加严重，使原本就脆弱的生态环境更加失去平衡。在自然和人为的双重影响下，本区域土地沙化、草场退化和荒漠化等方面的生态问题十分突出。

3.3.3 煤炭开采主要环境影响特点

本区域煤炭资源丰富，仅呼伦贝尔市煤炭探明储量就是东三省总和的 1.8 倍；伊敏煤田于 1959 年被发现，北距海拉尔市 85 km，面积 35 000 km^2，探明煤炭储量 50 亿 t；霍林河煤田位于内蒙古自治区哲里木盟扎鲁特旗境内，面积 540 km^2，保有储量 131 亿 t；元宝山煤田位于内蒙古自治区赤峰市东南部，面积约 612 km^2，煤炭保有储量 16 亿 t。

蒙东草原区内煤质以褐煤为主，煤层埋深较浅，适合露天开采，在全国五大露天煤矿中，伊敏、霍林河、元宝山三大露天煤矿处于蒙东地区。蒙东地区煤炭开采导致的生态影响十分突出，邻近河流的大中型露天煤矿资源开发，因大量侵夺河水，致使周边地下水含水层枯竭，河流基流减少甚至断流，河流生态服务功能退化，下游湿地萎缩，受影响河流包括伊敏河（伊敏矿）、乌尔逊河（大雁、宝日希勒矿区）、锡林河（胜利矿区）、霍林河（霍林河矿区）等。大中型露天煤矿的疏干性排水，易引发疏干区内土地沙化、地表植被退化、树木干旱枯死等生态问题，还可能致使疏干区饮水井报废、人畜饮水困难。草原生态自我修复能力相对较弱，大部分地区土质疏松，大规模露天煤炭开采导致的地表植被破坏，将加剧土地荒漠化。

露天矿对当地草原生态环境的破坏主要表现在因露天采区岩土剥离、地面建（构）筑物及道路建设时开挖地表、移动土方和弃土石渣造成原有地貌的破坏和植被的消失。施工过程中的场地开挖对土地造成扰动影响，堆填土石方、取土石方等工程将引起水土流失量增加，引起局部生态环境恶化。工业场地和排土场占用部分草场，使局部草原植被遭到破坏。

露天矿采掘场的开挖，排土场的形成，工业场地及其附属设施的建设，使得大量的土地被征占和使用，改变项目区生态环境，破坏采掘场、排土场、工业场地等施工区内的全部植被，施工活动、施工机械的碾压和人员往来等也将不同程度地破坏和影响施工场地及周围的草原植被，损失一定的生物量，并破坏和影响施工作业区周围环境的植被覆盖率和数量分布。达产期后，矿区的基本建设完成，临时占地开始恢复植被，矿区地面生产系统及工业场地及其附属设施占用草地是永久性的，其对草原植被的影响是不可逆的。随着露天矿开采，采掘场的不断扩大，草原植被破坏的面积也在随之增加。

由于露天煤矿的开发将大面积地破坏地表植被，必将对野生动物的生存与繁衍产生不利影响，使其群落组成和数量发生变化，影响草原生态系统的完整性。露天煤矿大规模的采、运、排，将使植被遭到严重损坏，地表裸露，植被对土壤的覆盖保护作用和根系固土作用丧失殆尽；另外，施工活动、施工机械的碾压和人员往来等也会损坏临时施工场地区的植被。在建设期前后会使区域内的缀块类型发生变化，不利于生态环境的缀块数目、面积、优势度值的增加，而对生态环境产生有利影响的景观生态缀块（如阔叶林、针叶林、灌丛、草地等）的数目、面积和优势度值在露天采煤时都有减少，并且连通程度也相应降低，对区域景观生态产生不利影响。

在开采过程中，采掘场、排土场、交通道路及地面设施等均将占用和破坏大量草地，长期疏干地下水将导致潜水位明显下降，一些季节性水泡子将逐渐缩小乃至消失，对区域景观格局影响显著。目前，正在大规模开发建设的内蒙古锡林郭勒盟白音华煤田就是一个典型的例子，该地区处于森林草原向草甸草原的过渡地带，生态状况良好，水资源非常丰富。白音华矿区有 4 个露天矿，总面积约 510 km^2，至达产期，仅二号露天矿累计破坏和占用天然草地就达 676.14 hm^2，生物量减少 878.98 t/a，水土流失面积达 958.30 hm^2。该区煤炭资源条件得天独厚，但开发历史较短，特别是大规模机械化开发历史时间不长。因此，该区域部分煤矿已实施较规范的环境保护要求，如蒙东白音华矿区，位于内蒙古锡林郭勒盟西乌珠穆沁旗，开发的 4 个露天矿中三号矿建设内容主要包括露天矿、铁路、公路、疏排水及地面配套工程。露天矿设计年生产能力为 15.0 Mt/a，所采煤种为褐煤，平均含硫量为 0.76%～0.82%，产品主要供应白音华电厂和经由赤（峰）—大（板）—白（音华）铁路运达沿线电厂。本项目排水主要为潜水及 3 个承压含水层的疏干水、采掘场矿坑排水和工业场地生产、生活污水。疏干水量为 12 000 m^3/d，水质较好，可直接通过管道输往白音华电厂使用；采掘场矿坑内正常排水量为 3 000 m^3/d，所含污染物主要为悬浮物，经旋流沉砂池和澄清池处理后，送往电厂进一步处理使用；工业场地生产、生活污水排放量为 290 m^3/d，主要污染物为 BOD_5、COD、SS、石油类等，进入污水处理站进行处理，处理工艺主要为生化接触氧化法，出水用于绿化、抑尘，多余部分也输往电厂利用。本项目无污废水外排。通过先进的开采工艺，可实现采矿—剥离—排土—复垦一体化，外排土场采取先拦后弃，即在排土场外围先修筑挡土围堰，然后在围堰内弃土。排土采用台阶式分层排土法，当排土第一个平台达到设计标高后，及时进行平台平整、覆土及边坡防护，覆土后进行植被恢复。针对该区冬春季节风沙较大的特点，露天储煤场设置防风抑尘网。综上所述，该矿的环境管理符合国内先进水平。对于井工矿，其生态影响和地下水影响一般要小于露天矿，该区新建煤矿基本具有国内甚至世界先进水平。因此，本区域环境管理的重点是水资源的综合利用，由于大型煤炭基地一般均实行煤、电、煤化工一体化开发，用水途径较多，再加上本区水资源短缺，因此矿井水和矿坑水是重要的经济资源，利用难度相对较小（傅尧，2016）。

除此之外，结合全区煤炭分布及各大矿区开采情况，不难发现，煤炭资源的大面积连片开发，必然对草场造成严重破坏和退化，导致区域景观格局彻底改变。另外，该区井工煤矿开采地表沉陷对地下水潜水位的影响大，开采沉陷后潜水易漏失，水位降低，地表植被易退化导致荒漠化进一步发展或恶化，引发生态系统退化，土地利用类型和结构发生重大变化，其生态影响主要特征是潜水位降低影响地表植被生长，导致土壤盐渍化加剧。

3.3.4　环境影响后评价重点关注问题

依据前述分析，蒙东地区煤炭资源开发矿区多分布于半干旱草原区，大部分地区生态环境脆弱，土地贫瘠、地形多变，属中温带半干旱大陆性气候，草原夏季炎热、冬季寒冷，寒暑温差较大，昼夜温度变化显著，年降水总量少，降雨日数少，局地性暴雨多，降水集中、雨热同季，光照充足，以草原植被为主，该地区缺水严重。根据调研，蒙东地区露天开采型煤矿多，露天矿建设与运行中采掘场、排土场、工业场地等对植被造成破坏。同时，对野生动物的生存与繁衍产生不利影响，影响当地生态系统完整性等，人工及自然因素共同作用，加剧了该地区土地沙化，且本区内煤炭露天开发疏干大量浅层地下水，严重影响草原植被生长。因此，蒙东草原区环境影响后评价重点关注问题为草场退化、荒漠化、土壤盐渍化以及水资源的综合利用方面，应严格控制煤炭开发活动的生态扰动范围。

3.4　新疆戈壁荒漠区

3.4.1　地理分布

新疆地区的煤炭资源非常丰富，是我国能源富集区，石油、天然气、煤炭、煤层气以及水能、风能、太阳能等资源丰富，品质优良，开发潜力巨大。煤炭资源主要分布于新疆准东、伊犁、吐哈、库拜四大区内（张东升，2015），包括大南湖、五彩湾、大井、西黑山和将军庙、硫磺沟、伊宁、四棵树、昌吉白杨河、拜城等 34 个矿区。

3.4.2　区域环境特征

新疆煤炭资源富集区的土地类型主要为沙漠、戈壁和荒漠草原，其他类型土地所占比例较少。该地区远离海洋且高山环绕，来自海洋的水分在长途输送过程中逐渐减少，到达新疆上空时又被高山阻挡，不但水分减少，也形成降水分布的地区差异，因此形成新疆地区干旱环境的气候特征，其表现为光热丰富，降水稀少。新疆的降水主要来自大西洋的盛行西风气流，其次来自北冰洋的冷湿气流，太平洋和印度洋的季风都难进入新疆。全疆平均年降水量仅 145 mm，为中国平均值（630 mm）的 23%，在全球同纬度各地中，新疆几乎是最少的。降水分布规律是：北疆多于南疆，西部多于东部，山地多于平原，盆地边缘多于盆地中心，迎风坡多于背风坡。由于天山能阻挡冷空气南侵，天山成为气候分界线，北疆属中温带，南疆属暖温带，而且降水随着季节不同、地域不同和海拔高度的不同而分配不均匀。年内 84%的降水集中在山区，16%降落在平原。平原地区由于水分蒸散十分强烈，少量的降水远不能支付许多中生植物生长发育所需要的水分，只有那些极端耐干旱的荒漠植物才能得以生存，并由此形成内陆荒漠生态景观。

新疆地区沙漠、戈壁面积大，绿洲受其包围、分割，生存形势严峻。新疆沙漠面积约 42.3 万 hm^2，占全疆国土面积的 25.45%。其中，流动沙丘占沙漠总面积的 72.36%，固定、半固定沙丘占 25.43%，风蚀地占 2.21%。戈壁面积为 29.3 万 hm^2，占全疆国土面积的 17.67%。砾质戈壁占戈壁总面积的 96.80%，而沙砾质戈壁面积有限，仅占 3.2%。新疆沙漠、戈壁不仅面积大，且分布很广，是一个“沙碛大半，壤土隘狭”的地区，新疆 87 个县（市）中，有 53 个县（市）辖区内均有沙漠分布。沙漠、戈壁把绿洲隔离或分割开来，两者间或呈交错分布格局，或许多绿洲处于沙漠、戈壁包围之中。新疆的绿洲包括自然绿洲和人工绿洲，面积较小，不到全疆国土面积的 5%，且分布相对分散、孤立。受沙漠、戈壁有害物质流的侵袭，绿洲常面临着风沙危害和沙漠化扩展蔓延的威胁。新疆地区山地是绿洲的生命线，是新疆生物多样性保护的重要地带，新疆境内的阿尔泰山、天山面积超过 64 万 hm^2，昆仑山等山脉约占全疆总面积的 40%。其平均海拔高度 4 000 m 以上和纬向性绵展排列的分布特点，既有阻挡湿气流进入、加强旱化的不利作用，又有拦截外来水汽产生较强降水的生态功能。新疆 84.3%的雨雪水降落在山地，且有随海拔升高降水量增加的规律。在迎向湿气流的山坡降水量一般可达 600～

800 mm，森林带发育是山地最大降水带的标志，其上是寒冷、低温的高山冻土地区，发育成被称为“固体水库”的永久积雪和冰川。山地降水量大，是新疆水资源径流的形成区，也是河流的发源地，水资源较丰富，与水资源相对贫乏的平原形成鲜明反差，成为荒漠中的“湿岛”。由于山地的“湿岛”效应，孕育了丰富的生物种类、多种多样的生态系统和生态景观类型，是新疆生物多样性保护的重要地带。

本区内植被稀疏，森林覆被率低，生态服务功能受到限制。植被是环境因素综合作用的产物，是生态系统的核心。由于受恶劣自然条件的制约，新疆广大地区植被总体表现为低矮而稀疏，且分布十分不均匀。由低矮、稀疏植被所形成的生物保护层不健全且功能微弱，使地表物质易受到风蚀和搬运而形成沙尘暴，威胁人类生存环境，同时是农林牧及工业交通的灾害。森林不仅可为国家提供大量木材和各种林副产品，还蕴藏着丰富的动植物资源，同时还具有涵养水源、保持水土、调节气候、净化大气、维护生物多样性和防治水、旱、风、沙等自然灾害的巨大作用。然而新疆森林的覆盖率仅有 1.92%，且主要分布在北疆山区。平原地区森林面积很小，仅沿少数大河有少量的荒漠河岸林分布。尽管新疆植被稀疏，森林覆盖率很低，限制了其生态功能的有效发挥，但对于荒漠面积占绝大部分的新疆来说，它们仍然是极其珍贵的生态资源。

另外，新疆地区地表强烈积盐，是土壤盐渍化的敏感地区。由于新疆地区气候干旱，降水少，蒸发强烈，因此土壤的淋洗作用极其微弱，热力作用所造成的水分上行过程占优势，将土壤下层和地下水中的可溶性盐分随毛细管水运动被带至上层和地表，造成土壤不同程度盐渍化的现象，这是新疆生态环境十分普遍而突出的特征。

新疆戈壁荒漠区生态环境脆弱，且破坏后不易恢复。由于新疆自然条件恶劣，因此物种和生态系统类型是在长期发展进化的过程中适应复杂条件和生存环境的产物，两者间已形成了相关的平衡关系。这种平衡关系的相关性极容易受到破坏，且破坏后很难恢复，即通常所指的干旱地区生态环境的脆弱性。荒漠植被破坏后，在自然状况下经历几十年都难以恢复到原来的植被状况，甚至永远不能逆转。无植被或少植被覆盖的地表，易受到侵蚀、沙化或成为沙尘暴的策源地。山区森林过量采伐，涵养水源、保持水土等生态服务功能减弱或丧失，暴雨来临时极易出现山洪、泥石流和山体滑坡、塌方等严重的地质灾害。

近些年，新疆土地沙漠化面积不断扩大，是我国荒漠化面积最大、分布最广、危害最严重的省区，也是世界严重荒漠化地区之一。干旱少雨，沙漠、土漠、砾漠、盐漠、石漠广布，植被稀疏，无论在自然条件的影响下，还是在人为活动的干扰下，干旱的土地都极易受到风力侵蚀和堆积，成为沙漠化最敏感地区，它不但严重地危害农林牧业生产和破坏陆地交通运输，而且也是影响人工绿洲健康发展的不利因素。同时，新疆地区水土流失形势总体在加剧，根据全国第二次水土流失遥感调查成果表明，新疆水土流失的总面积约为 103.6 万 hm^2，占新疆总面积的 62.4%。其中，水蚀面积约为 11.5 万 hm^2，占新疆国土总面积的 6.9%，占新疆水土流失总面积的 11.1%；风蚀面积约为 92.1 万 hm^2，占新疆国土总面积的 55.5%，占新疆水土流失总面积的 88.9%。据近期调查评估，水蚀面积大致稳定在原来的状况，风蚀面积则有所扩大，全疆水土流失状况总体仍在恶化，但局部有所减轻。新疆地区盐渍化土壤分布广，面积大。自然地理条件的影响，使新疆盐碱土分布广、面积大，不适当的农业措施等人为因素，往往会造成土壤的次生盐渍化。据新疆土壤普查资料，新疆有典型盐土 362.81 万 hm^2，草甸盐土 241.30 万 hm^2，沼泽盐土 16.98 万 hm^2。另外，新疆地区草地是自治区发展草地畜牧业的物质基础，也是新疆生态环境的一个重要组成。草地面积减少、超载和退化现象严重，已成为当前新疆最突出的生态环境问题之一。

综上所述，本区域生态系统类型为典型荒漠生态系统，生态环境总体属于差和劣的水平，表现为林地、草地覆盖度较低，水域、湿地面积较小，荒漠化土地面积大，且区内气候条件恶劣，水资源贫乏，植被稀疏，水土流失和荒漠化严重，生态系统极度脆弱，地表结皮受到破坏后很难恢复，土地复垦难度极大，环境条件较差，生态敏感性和水资源敏感性均较高。在生态防护方面，荒漠地区的植物更具有特殊重要的功能地位。该区域典型地形地貌特征见图 3-4。

图 3-4　新疆戈壁荒漠区典型地形地貌特征

3.4.3 煤炭开采主要环境影响特点

新疆地区是我国煤炭资源最为丰富的地区，该类型区煤炭保有储量占全国煤炭保有储量的 60%以上，煤种齐全，资源赋存条件好，煤层厚，煤种中长焰煤、不黏煤和弱黏煤占资源总量的 90.91%，煤质多具备特低硫—低硫、低磷、高挥发分、高热值的特点，且煤的反应活性高，是优质的煤化工用煤。新疆煤炭资源主要分布在北部和东部，其资源量约占预测总量的 94.7%。全疆预测量超过 100 亿 t 的煤田有 24 个，约占预测总量的 98%，预测量超过 1 000 亿 t 的煤田有准东煤田、沙尔湖煤田、伊宁煤田、吐鲁番煤田、大南湖—梧桐窝子煤田等，约占预测总量的 60%，适合大规模机械化开采（叶佩鑫，2010）。

新疆地区煤炭资源丰富，主要发育侏罗系煤层，其含水层结构具有内陆干旱盆地的一般规律，以裂隙、孔隙含水层为主。煤炭开采也主要破坏裂隙、孔隙含水层，大部分地区富水性弱，局部地区富水性较好。但其生态环境特别脆弱，干旱、荒漠、戈壁地区较多，属典型荒漠生态系统，由于气候干燥、降水量少、蒸发量大、土壤瘠薄，使得目前整个区域生态环境比较脆弱。大规模煤炭开采对土地的扰动，必然会加剧土地沙化的进程。近年来，能源短缺形势及煤价上涨等因素，导致其开发力度也在不断加大。由于大部分煤炭资源赋存于沙漠边缘地区，以固定、半固定沙丘地貌为主，采煤引起的地表扰动和浅层地下水疏干，势必会引发沙丘活化，扩大荒漠化面积，给进一步治理带来困难。

新疆的煤田分布相对独立，主要集中在伊犁、乌鲁木齐、哈密、昌吉等地。伊犁河谷虽然地下水资源相对丰富，但煤炭开采区主要分布于距干流较远的丘陵地区。在煤炭开发活动中，个别地区导水裂隙带会导通地表，造成地表水漏失；地表沉陷裂缝的存在，会导致地表水渗漏；采煤沉陷也会改变地形地貌，影响水体流向、形态和水量，对生态环境和工农业生产活动造成影响。

新疆煤炭资源开发主要存在生态破坏、环境污染、地质环境问题及资源浪费四类环境问题。①生态破坏问题。首先，最大的问题为占用大量土地。煤炭开采过程中采掘场地表剥离，排土场、工业场地内的地面附属设施及道路的建设，煤炭地下开采过程中产生大量的煤矸石堆放均会占用大量土地并破坏地表植被。新疆大部分煤炭矿区位于戈壁荒漠，生态系统脆弱，占用土地对荒漠生态系统的破坏是极为严重的。其次，水土流失影响。煤矿矿田建设过程中各类施工活动对原地貌和地表植被进行扰动和破坏，降低或丧失了原地貌具有的水土保持功能，导致原地面水土流失的发生和发展。据统计，新疆煤炭开发土地占用和地表沉陷引发年新增水土流失面积约 2 150 hm^2，植被枯萎绝产面积约为 4 万 hm^2（王志朴等，2014）。②环境污染问题。煤层自燃导致大气污染，新疆是全国煤田自燃重灾区。据统计，新疆煤田火区达 40 余处，总面积为 900 多万 m^2，每年燃烧损失煤炭约为 1 000 万 t，每年由煤田火灾排放二氧化碳及其他有害气体约为 1 800 万 t，火区威胁煤炭资源储量约为 470 多亿 t。③地质环境问题。首先，主要为地表坍陷问题。煤炭井工开采会改变岩体原有的应力场，从而引起地表塌陷。据有关统计资料，平均开采每万吨原煤，地表塌陷面积约为 0.2 hm^2。采空区塌陷会导致地表形态与植被直接遭受破坏；若塌陷区为耕作区，将会影响其正常耕作；若塌陷区地表有水库、河流等，将导致大量水体随塌陷区的裂口进入煤炭地下开采垌道，影响矿井安全；若塌陷区内有村庄、大型建筑等，将直接影响居民生命安全及建筑的稳定性。新疆由煤炭开采引起不同程度地表沉陷区，年新增沉陷面积约为 1 250 hm^2。其次为滑坡、崩塌和泥石流灾害。阜康、昌吉硫磺沟、玛纳斯塔西河、乌苏四棵树等老矿区由于多年的规模化开采，目前矿区滑坡、崩塌和泥石流等矿区地质环境问题较为突出。最后，存在矿井疏、排水环境问题。煤炭开采过程中矿坑疏干水（露天开采）、矿井排水（井工开采）导致矿田周边区域地下水水位下降，造成地下水漏斗，漏斗范围内植被生长将受到影响。另外，矿井疏、排水中含有氟化物、硫化物及砷等重金属，若不经处理直接排放会造成土壤、地表水体、地下水体的污染。新疆伊犁谷地、天山北坡经济带区域内的煤矿多位于中山区，该区自然地理条件和生态环境较好，降水较充沛，多为下游地下水的补给区，上述地区进行煤炭开采矿井疏、排水对地下水系统影响和破坏很大，不仅改变地下水的补径排条件，而且可能造成地下水和地表水资源的大范围污染，对下游居民生活用水安全造成极大隐患。④资源浪费问题。目前，新疆煤炭开采矿井水综合利用率、瓦斯综合利用率总体不高，煤炭开发引发水资源及煤层气资源损失量很大。

本区生态环境变化趋势和后果是：沙漠扩展、土地次生盐渍化面积仍在增加；森林覆盖率经历了锐减到提高的过程，但森林林分及生态功能下降的趋势仍未扭转；草地严重退化，草地面积仍在逐年减少；水域缩小，河道断流，湖泊萎缩；矿产开发对土地破坏和水环境污染已逐渐显露；生物多样性保护形势严峻；沙尘暴频发使绿洲内大气降尘量居高不下。

综上所述，新疆戈壁荒漠区各类自然生态系统的生物量低、系统结构简单、稳定性差、易遭受破坏并且难以恢复，表现出生态环境十分脆弱的特征。煤炭开采导致地表植被破坏、草地严重退化、水土流失、地表塌陷等问题，对荒漠生态系统的保护不到位，不合理、不科学地利用自然资源的经济活动，将使该区生态环境继续恶化。

3.4.4 环境影响后评价重点关注问题

综合本区域内地形地貌、自然地理特征及煤炭资源开发利用情况分析，本区属典型荒漠生态系统，区内沙漠、戈壁区居多；根据《中国植被及其地理格局》，该区属于亚非荒漠区的东段——温带荒漠区域，典型的有准格尔盆地和塔里木盆地，荒漠地区年降水量大部分在 200 mm 以下，很多地方的降水量不到 100 mm，甚至不到 10 mm，属于温带干旱气候和极端干旱气候；典型植被是温带荒漠植被，主要的建群种是藜科、菊科、禾本科、蝶形花科、蔷薇科和毛茛科植物；本区域中环境适宜的地方，多已被垦为农田或辟为牧场，有些地方由于受盲目垦荒、过牧、樵采等人类活动的影响，次生荒漠化严重，生态环境已特别脆弱；加之新疆地区煤炭开采多为大规模机械化开采，煤炭开采也主要破坏裂隙、孔隙含水层，部分煤炭资源赋存于沙漠边缘地区，以固定、半固定沙丘地貌为主，采煤引起的地表扰动和浅层地下水疏干，势必会引发沙丘活化，扩大荒漠化面积。因此，本地区环境影响后评价重点为防止土地荒漠化、土壤侵蚀加剧，加强生态环境保护，重点保护硅化木、恐龙化石、雅丹地貌等。

3.5　云贵川喀斯特地貌区

3.5.1　地理分布

云贵川喀斯特地貌区位于我国西南的云南东部、贵州及四川东部。全国 14 大煤炭基地中的云贵基地即位于本区域内，典型矿区有：盘县、普兴、水城、六枝、织纳、黔北、老厂、小龙潭、昭通、镇雄、恩洪、筠连、古叙等。

3.5.2　区域环境特征

云贵川地区以喀斯特地貌和山区岩溶地质环境为主，可溶性的碳酸盐类岩层与非可溶性的砂页岩、火山岩交互成层，再加褶皱紧密，断裂错综，因而形成许多独立的、大小不同且各具特点的可溶岩体。地形以高原为主，地表崎岖不平，地壳运动活跃。喀斯特地貌又称岩溶地貌，水对可溶性岩石所进行的作用，统称为喀斯特作用，是由具有溶蚀力的水对可溶性岩石进行溶蚀等作用所形成的地表和地下形态。它以溶蚀作用为主，还包括流水的冲蚀、潜蚀，以及坍陷等机械侵蚀过程，这种作用及其产生的现象统称为喀斯特，由近代对斯洛文尼亚伊斯特拉半岛碳酸盐岩高原 Kras（意为岩石裸露的地方）的研究而得名，分布于可溶性岩石地区。可溶性岩石有三类：①碳酸盐类岩石（石灰岩、白云岩、泥灰岩等）。②硫酸盐类岩石（石膏、硬石膏和芒硝）。③卤盐类岩石（钾、钠、镁盐岩石等）。中国喀斯特地貌分布广、面积大，主要分布在碳酸盐岩出露地区，面积为 91 万～130 万 km^2。其中以广西、贵州和云南东部所占的面积最大，是世界上最大的喀斯特区之一（张耀光，1995）；西藏和北方一些地区也有分布，本书主要针对我国西南云贵等地煤炭开采聚集地的喀斯特地貌区。

喀斯特可划分许多不同的类型。按出露条件分为裸露型喀斯特、覆盖型喀斯特、埋藏型喀斯特。按气候带分为热带喀斯特、亚热带喀斯特、温带喀斯特、寒带喀斯特、干旱区喀斯特。按岩性分为石灰岩喀斯特、白云岩喀斯特、石膏喀斯特、盐喀斯特。此外，还有按海拔高度、发育程度、水文特征、形成时期等不同的划分等。由其他不同成因而产生形态上类似喀斯特的现象，统称为假喀斯特，包括碎屑喀斯特、黄土和黏土喀斯特、热融喀斯特和火山岩区的熔岩喀斯特等。它们不是由可溶性岩石所构成，在本质上不同于喀斯特。喀斯特地貌在碳酸盐岩地层分布区最为发育。该区岩石突露、奇峰林立，常见的地表喀斯特地貌有石芽、石林、峰林、喀斯特丘陵等喀斯特正地形，溶沟、落水洞、盲谷、干谷、喀斯特洼地等喀斯特负地形；地下喀斯特地貌有溶洞、地下河、地下湖等，以及与地表和地下密切相关联的竖井、芽洞、天生桥等喀斯特地貌。喀斯特研究在理论和生产实践上都有重要意义。喀斯特地区有许多不利于生产的因素，需要克服和预防，也有大量有利于生产的因素可以开发利用，喀斯特洞穴和古喀斯特面上各种沉积矿产较为丰富，古喀斯特潜山是良好的储油气构造。

本区域气候为亚热带季风气候，冬春干燥夏季湿润型气候，冬长夏短。年平均气温 14.2℃，最热月平均气温 21.8℃，最冷月平均气温 6.3℃，极端最高气温 37℃，极端最低气温−7.9℃。年平均降水量 1 390.8 mm，集中于 5—8 月，年平均降雨日数（日降水量≥0.1 mm）188.1 d，日降水量≥5.0 mm 的日数 65.9 d，暴雨日数（日降水量 50.0 mm）4.0 d，大暴雨日数（日降水量≥100.0 mm）0.3 d。年平均日照时数 1 598.8 h，占可照时数的 36%。年平均风速 1.6 m/s，全年以 NE 风为多，夏季盛行 SSW 风，冬季盛行 NE 风，全年静风频率为 43%。区内降水量大，满足了岩溶条件，气温差较小，岩石风化侵蚀明显；水文条件为河流径流量丰富，水位季节变化较大，汛期主要集中在夏季，含沙量小，冬季没有结冰期；土壤条件为土层较薄，肥力相对较低，本区域地下水主要补给来源为大气降水，区内主要含水层基本裸露，岩溶弱发育，节理裂隙发育，可直接接受大气降水的入渗补给，补给量受降水及季节的控制；本区地形起伏较大，含水层厚度及富水性差异较大且与隔水层相间分布，地形自然坡度大，地表水、地下水排泄通畅。

根据《中国植被及其地理格局》，该区属于亚热带常绿阔叶林区域，但附着困难；我国亚热带是世界上南北两半球同纬度地区唯一的面积最广大的湿润亚热带，这是我国的宝贵财富。由于该区域受到第四纪大陆冰川的影响较小，所以不仅保留了古第三纪的植被类型，而且也是亚洲东部的“温带—亚热带植物区系”的主要集散地和许多东亚植物的发源地，同时，这里也保存了一些古老植物的著名避难所。本地区的地带性典型植被是亚热带常绿阔叶林，壳斗科中的常绿种类、樟科、山茶科和竹亚科的植物是其植被的重要组成成分，但本地区的自然植被目前仅存于交通不便的山区或寺庙旁，而在平原、低丘和盆地都已被农业植被、灌丛和草丛，以及杉木［*Cunninghamia lanceolata*（Lamb.）Hook.］、马尾松［*Pinus massoniana* Lamb. ］、油茶［*Camellia oleifera* Abel.］和竹林等用材林、经济林和茶园所代替。目前，该区域主要植被类型有针叶林、灌丛、灌草丛和农田植被。由于长期受人类活动和耕作的影响，区域以农业生态系统为主。该区域典型地貌特征见图 3-5。

本区域含煤地层主要发育二叠系煤层，煤层上、下均为岩溶和裂隙含水层，下部岩溶含水层富水性较上部强，为主要充水含水层（唐燕波等，2012），如典型小龙潭矿区及昭通矿区发育新近系及古近系煤层，孔隙和裂隙含水层位于主采煤层之上，富水性较弱，岩溶水位于主采煤层之下，富水性强。区域内分布的主要土壤类型为山地黄棕壤、紫色土和黄壤。区内土地资源丰富，但生产力低；土地类型多，但肥力差，土地垦殖率较高。区内土壤侵蚀面积占总面积的 34.77%，平均土壤侵蚀模式为 1 200～1 600 t/（$km^2 \cdot a$），土壤侵蚀以水蚀为主，存在局部山地滑坡、崩塌等重力侵蚀，综合表现为生态脆弱，适应性差。该地区地质灾害频发，石漠化严重，生态环境脆弱，水资源较为丰富，耕地资源贫乏，采煤沉陷极易引发山体滑坡、崩塌等地质灾害，将加剧区域石漠化。

图 3-5　云贵川喀斯特地貌区典型地形地貌特征

3.5.3　煤炭开采主要环境影响特点

本区域是我国长江以南最大的煤炭富集区，也是我国南方重要的煤炭生产基地，贵州省已经初步探明南、北盘江腹地煤炭储量达 330 亿 t，其中可就近通过水运的煤炭储量达到 92 亿 t，云南省的文山、红河两州煤炭储量超过 50 亿 t。该分区煤炭资源相对丰富，勘查开发程度也较低，但产能较小不能满足需求，需要大量调入，是“北煤南运”的主要目的地，也是“西电东送”南部通道煤电基地。本区域煤质以中、高变质煤为主，但区域地质构造复杂，原煤含硫量较高，部分地区含砷、汞等有毒有害元素，且绝大部分矿井为高瓦斯矿井，煤炭开采成本较高，且规模以中小型为主。

本区内煤炭开采主要以井工开采为主，井工开采没有采掘场和排土场，永久占地主要为工业场地和附属设施，占地面积相对矿区面积较小。对生态环境的影响主要为地表沉陷对植被的影响。主要表现在：使草地产生裂缝，土壤结构变松，涵水抗蚀性降低，增加土壤侵蚀程度，降低土地生产能力；滑坡、地表裂缝造成的植被压埋，涵水抗蚀性降低等造成的植被覆盖率降低。井工开采地表沉陷可通过对矿井重要生态区域或建筑物留设保护煤柱的措施，防止塌陷。对地表移动变形期间可能发生裂缝和突然塌陷等地质灾害的区域加强巡视，及时发现问题并采取填堵裂缝以及塌陷坑填充压实等治理措施，并及时植草且设置围栏，使其尽快恢复草原植被；井工开采对井田范围内野生动物和生态的影响较露天开采小。

井工开采对地下含水层的影响主要是因为煤炭开采后煤层顶板发生垮落，形成垮落带和裂缝带（两者之和称为导水裂隙带），从而使含水层遭到破坏，导致地下水漏失，水位下降，并间接对与被破坏含水层有水力联系的其他含水层产生影响。含水层的破坏程度取决于覆岩破坏形成的导水裂缝带高度。因此，导水裂隙带以上的含水层以及与被破坏含水层没有水力联系的含水层不会受到煤炭开采的影响。

另外，在井工开采煤矿项目建设期，矿井及选煤厂工业场地、风井场地、排矸场、管状带运输机走廊的建设，因开挖地表使原有植被受到破坏，不仅削弱了该区原有水土保持能力，而且在施工中挖方与弃方将引起新的水土流失，将使施工区内水土流失加剧；建筑材料的运输、施工机械作业产生的噪声会对附近居民点产生一定影响；由于建筑材料的堆放、裸露的表土产生的扬尘以及交通扬尘等将对施工区周围环境空气产生不良影响；施工过程中产生的生活污水、矿井井下排水，将对地表水环境产生不良影响。

建设期矿井及选煤厂工业场地、风井场地、排矸场、铁路装车站、爆破材料库等建设需要征用大面积的土地，对生态环境会造成一定程度的破坏，在短期内会使水土流失加剧；大量施工人口涌入会造成当地生活和文化娱乐设施及副食供应紧张，这些都会带来一定的社会影响。施工场地的“五通一平”、大量土石方工程及“三材”准备将造成短期内当地交通困难；散状物料堆放、裸露地面、交通扬尘、生活锅炉排放废气对环境空气质量会带来不利影响；施工过程中的生活污水和矿井井下水排放会污染地面水体。

建设项目施工时的施工机械、材料堆放、施工人员践踏、临时占地、弃土、弃渣的堆放等，将破坏一定区域内的植被并造成水土流失，对当地的农牧业生产会产生暂时性影响。因此，项目在建设施工过程中必须重视对周围生态环境的保护，要在施工各个时段内做好各种防护措施，并且在施工完成时，及时做好恢复和补偿工作，加强绿化，采取必要的生态保护和水土保持措施。

井下开采煤矿主要产污环节、作业场所均设置在井下，对地表的影响主要表现在：由于地下煤层采空引起的地表移动或变形；井下采掘排出的煤矸石、井下排水和工业场地生产生活污废水对地表水体产生的影响；地面生产系统产生的噪声、扬尘等对环境的影响。主要固体废物有：煤矸石、锅炉灰渣及生活垃圾。由于地下煤层的开采，将使采空区上方地表产生不同程度的移动和变形，因此可能会使局部地表形态发生变化，少数地段可能产生塌陷坑、裂缝或滑坡等不良工程地质现象。对井田内的景观、建筑物、地表水系、农田水利设施与农业生产产生一定程度的影响，对地表植被、农业生态系统等生态环境产生影响。地表沉陷对农业生产力的影响，对于受轻度破坏的耕地，由于地表仅有轻微变形，不影响农田耕种、林地、植被生长，农作物产量基本不受影响。对于受中度破坏的耕地，若不采取必要的整治措施，将影响耕种。对于受滑坡和崩塌重度破坏的耕地，由于土地遭到严重破坏，将丧失生产力。根据当地的地形地貌和沉陷特征，主要采取平整复垦和梯田式复垦方式。

本区地表沉陷可引起土地侵蚀和水土流失加剧，因为地表下沉产生的地表裂缝与倾斜使地形坡度改变，而坡度是决定径流冲刷能力的基本因素之一。径流是指雨水流向排泄区的作用过程，坡度越大则径流量越大，冲刷量也越大，引起的水土流失和土地侵蚀越严重。

区域内的地质灾害主要表现在滑坡和崩塌方面。矿井在井下开采过后，由于受井下采动、地表变形、倾斜和沉陷影响，地表已存在的地质灾害地段就很有可能增加地质灾害的强度和频率。对原来没有发生地质灾害的地段，也有可能因边坡失稳、陡坡重心偏移等多种不测因素影响，产生新的滑坡、陡坡坍塌等地质灾害。因此，应特别注意观察道路、村寨及建筑物附近的山坡和原滑坡地段的地表形态变化，预防各类型的地质灾害给交通和村民安全带来的破坏影响。

本区域煤炭开采过程中，由于原煤含硫量总体较高，下游火电等产业的发展将加剧当地的酸雨和二氧化硫污染；稳定性较差的地质构造，使煤炭开发容易诱发地质灾害；工矿景观对原有自然景观的取代及道路等基础设施的建设，将使当地生境进一步破碎，从而降低当地的生物多样性。另外，在云贵地区地质灾害频发，石漠化严重，生态也相对脆弱，煤炭开采导致地表沉陷对土地的扰动，容易导致滑坡、泥石流，引起土壤流失，从而加剧石漠化。

3.5.4　环境影响后评价重点关注问题

综合本区域内地形地貌、自然地理特征及煤炭资源开发利用情况分析，本区属喀斯特地貌区，气候为亚热带季风气候，降水量大，植被以亚热带常绿阔叶林为主，河流径流量丰富，水位季节变化较大，汛期主要集中在夏季，含沙量小，冬季没有结冰期，土层较薄，肥力相对较低，含煤地层主要发育二叠系煤层，煤层上、下均为岩溶和裂隙含水层。本区域煤质以中、高变质煤为主，原煤含硫量高，部分地区含砷、汞等有毒有害元素，且绝大部分矿井为高瓦斯矿井。井工开采井田区域内的地质灾害主要表现在滑坡、陡坡坍塌等，地表沉陷可引起土地侵蚀和水土流失加剧，对生态环境的影响主要为地表沉陷对植被的影响，地表产生不同程度的移动和变形，因此可能会使局部地表形态发生变化，少数地段可能产生塌陷坑、裂缝或滑坡等不良工程地质现象。由于受井下采动、地表变形、倾斜和沉陷影响，地表已存在的地质灾害地段就很有可能增加地质灾害的强度和频率。因此，在云贵川山地区，地下水资源相对丰富，采煤对地下水的影响并不突出，本地区评价重点为水蚀影响下的土壤瘠薄化、石漠化和诱发地质灾害等。

同时，在本区域煤炭开采工程建设中，应尽量减少破坏植被，减少开挖工程量，力求做到挖填平衡，并注意随挖随填，及时填压夯实，使水土流失降低到最低程度；尽量安排好施工作业时间，避免夜间施工，减少施工噪声对周围居民生活的影响；施工区应设置施工围墙，地面建筑施工应设置防尘纱网，以减少施工扬尘对周围环境空气的影响。矿井生态保护是以沉陷区治理为主。在采动过程中，定期巡视，对受采动影响产生的裂缝，根据裂缝宽度大小，对较小裂缝经耕地平整可恢复原状，对较大裂缝待地表活动影响结束后再治理；对可能发生崩塌、滑坡处采取疏水、排水、削坡减载等多种方法增加稳定性，对有道路的区段，发现有塌方、滑坡征兆时，必须设明显标志及警戒线，并在保证安全的前提下采取打止滑桩、挡墙等措施。为减少人力、物力的浪费，对无法采取措施阻止的滑坡、塌方，可采取减小水土流失的措施。如在滑坡、塌方外缘挖排水沟，挡住和及时排走来水，减轻滑坡、塌方程度。采动影响结束后，对塌方、滑坡体进行护坡工程，对于农田因塌陷和裂缝造成弃耕的，在地表变形稳定后，结合农田基本建设，进行土地复垦。

3.6 陕蒙宁风积沙区

3.6.1 地理分布

陕蒙宁风积沙区主要位于陕西西北部、内蒙古西部和宁夏东部，包括库布齐沙漠、毛乌素沙地、乌兰布和沙漠等，同时还包括展布于上述地貌单元之间的剥蚀基岩丘陵台地，是我国为数不多十分典型的、已经荒漠化的、生态十分脆弱的草原生态系统。规划建设的大型煤炭基地中，神东基地、陕北基地的部分区域和宁东基地的大部位于陕蒙宁风积沙区，涉及的国家级矿区主要有神东矿区大柳塔矿以北、榆横矿区北区、万利矿区、榆神矿区大部（长城以北）、石嘴山矿区、灵武矿区、鸳鸯湖矿区、横城矿区、韦州矿区、马家滩矿区以及积家井矿区等，煤炭开发方式主要为井工开采。

3.6.2 区域环境特征

本区域属于温带半干旱、半沙漠的高原大陆性季风气候，昼夜温差大，风沙频繁，冬季寒冷，夏季酷热，蒸发强烈，年蒸发量达 2 297.4～2 838.7 mm，并且干旱少雨，年平均降水量为 194.7～531.6 mm，年均降水量主要集中在 7—9 月。年平均温度为 7.3℃，无霜期约为 156 d，年均风速为 3.6 m/s，最大风速为 24 m/s。

本区地广人稀、沙丘起伏、滩地广阔、风日多、风力大，海拔在 930～1 600 m，地形起伏相对较小，相对高差 30～80 m。地表土壤大多被第四系风积沙所覆盖，土壤类型主要包括风沙土、黑垆土、绵沙土等，有机质含量较低，物理性黏粒减少，机械组成差，水分和肥料流失严重，导致土壤疏松，易遭受大风侵蚀和流水侵蚀，抗侵蚀能力较差。由于沙土下渗力强，所以暴雨时产生的洪水小，通过河道输走的泥沙不多，年侵蚀模数为 200～5 000 t/km^2。

本区的地表水可分为两大流域，分别为外流河及内流河。其中外流河为黄河水系，集水面积大于 100 km^2 的有数十条，代表性的为窟野河、榆溪河等，而内流河是指汇入红碱淖的比较小的河流。本区域河流的主要特征为：①河流的长度短小，整体的流域面积较小。内河流的长度大部分小于 100 km，个别的内流河长度较长，可以超过 100 km，已知河流长度大于 50 km 且小于 100 km 的有 8 条。除了河流的长度比较短小，河流的流域面积也都不大，除 9 条河流的流域面积大于 1 000 km^2 外，目前多数河流的流域面积处在 100～150 km^2。②水系网呈现出南密北疏的特点，且水系的形状多数为树枝状，只有在黄河附近的小河道部分以线性形式存在。③河流的流向单一。外流河最终都会汇入黄河，因此其流向多数为从西北方流向东南方向，在诸多河流中只是无定河一条河流的流向较为复杂，在流动过程中流向的转折比较明显。④河流的切割现象严重，河流在流动过程中，对流经地的泥沙有挟带作用，暴雨使滑坡面重量增加，下滑力加大，导致山体产生滑坡现象。

本区域地貌主要由沙漠、滩地和盖沙丘陵区组成。

沙漠地区主要为波状、垄岗状沙丘，其次为冢状及活动沙丘。沙丘多呈 NE—SW 向展布，高度为 5～15 m，个别可达 20 m 左右，其间风蚀洼地较为发达，构成波状起伏的沙漠地形，按照土地的植被覆盖率以及土壤的固化程度，可以将沙漠地区的沙丘分为 3 个类别，分别为固定沙丘、半固定沙丘以及流动沙丘。①固定沙丘：地表的植被较为发达，植被的覆盖率大于 25%，在局部地区覆盖率有可能高达 50%，甚至 60%，由于地表的植被覆盖率较大，不易扬起沙尘，此类型的风积沙面积的扩大，有利于降低本区域的土地沙漠化程度；②半固定沙丘：地表植被不太发达，植被的覆盖率为 5%～25%，由于表面植被覆盖率较低，故明沙较为常见，一般会有成沙纹，随着风的等级的增大，地表会存在扬起的沙尘；③流动沙丘：地表植被欠发达，植被的覆盖率小于 5%，由于此类型的风积沙的表面植被甚为稀少，部分地区的地表甚至没有植被的覆盖，因此容易形成流动沙丘、沙垄等。固定、半固定沙丘主要分布在地势低洼的滩地河和谷盆地的边缘，在植被和其他障碍物的阻挡下，风速减缓使风沙堆积而形成一个个孤立且规模不大的沙丘，丘高一般约为 10 m，呈椭圆形，轴径约为 50 m，长轴方向与风向平行，沙丘间组合无一定规律。活动沙丘以新月形沙丘为主，兼有波状、垄岗状沙丘，新月形沙丘与马蹄形洼地相间出现，高度为 5～15 m，最高可达 20 m 左右，沙丘两坡极不对称，迎风坡缓，倾角 8°～15°，背风坡陡，坡角 25°～30°，在迎风坡面与背风面的转折处形成一道明显的蛇形脊，两侧有顺主风向转折的翼角，沙丘处于移动状态。根据上述流动沙的比重，并结合植被的覆盖度，可以把沙漠区域的土地分为潜在、轻度、中度及重度沙漠化四个类型，其特征如表 3-3 所示。

表 3-3　本区域沙漠化土地类型及其特征

土地类型	潜在	轻度	中度	重度
流沙覆盖率/%	＜5	5～15	15～65	≥65
沙丘流动程度	固定	固定、半固定	半固定	流动
沙丘形态	片沙	沙堆、沙垄、抛物线沙丘	沙片、沙垄、抛物线沙丘	新月形沙丘链、沙垄
沙丘高度/m	＜1	1～3	2～5	5～20
植被覆盖率/%	＞45	25～45	10～25	＜10

滩地包括沙漠中的滩地及沼泽洼地。滩地分布不连续，面积大小各异，滩地表面比较平坦，多数滩地四周封闭。据钻孔揭露，滩地基底由白垩系、侏罗系砂岩、泥岩及第三系黏土岩构成，个别滩地基底由中更新统黄土构成。在滩地的低洼地段，由于地下水水位浅，常形成沼泽湿地、轻微盐碱地及季节性海子。

盖沙丘陵区为沙漠滩地区与黄土丘陵区的过渡地带，主要分布在窟野河、秃尾河、榆溪河、海流兔河之间南部的分水岭地带及芦河、西红墩以南和无定河以北地区，表层多为现代风沙覆盖，呈零星片状展布，与沙漠滩地呈缓坡相接，植被比较发育，以沙蒿、沙柳为主。由于风沙侵袭，流沙覆盖，目前流水侵蚀相对较弱，以风蚀及沟谷侵蚀为主。

由于风沙和干旱的长期侵袭和影响，地带性原始草原植被群落减少至逐渐消失，逐渐被沙生植被群落所取代，地表植被以耐旱和耐寒的旱生或沙生植物为主，呈现稀疏灌丛植被景观，这些植被类型的特点是生长季短、休眠期长、覆盖度低。自然植被包括小叶杨、旱柳、油蒿、达乌里胡枝子、羊柴、短花针茅、沙生针茅、百里香、虫实、糙隐子草、沙米等。植被分布上，在风沙地为主的流动、半固定及固定沙地上，主要是沙地先锋植物群落和油蒿群落，而在洼地，由于易于接受大气降水补给，形成了许多富水地段，湖泊海子也星罗棋布，因此有着乔木和湿地植被。陕蒙宁风积沙区的典型地形地貌特征见图 3-6。

本区域地质及开采条件相对简单，煤种以不黏煤、长焰煤、褐煤为主，是优质的动力和化工原料用煤。主要含煤层为侏罗系延安组，除西部局部地区埋深大于 200 m 外，其余埋深均小于 200 m。该组共含煤层 10～15 层，自下而上分为 5 个煤组，主要可采 5～7 层，累计可采厚度一般为 15～20 m。

本区地下水依据赋存条件及水力特征，可分为第四系松散岩类孔隙潜水和中生界碎屑岩类裂隙孔隙、裂隙潜水。

第四系松散岩类孔隙潜水又可分为河谷区孔隙潜水和沙漠滩地区孔隙潜水。沙漠滩地区孔隙潜水广泛分布于尔林兔、金鸡滩等沙漠滩地区，含水层以上更新统萨拉乌苏组中以细砂为主（以下简称萨拉乌苏组潜水），是全区最富水的含水岩组，上覆为透水性好的现代风积砂，含水层厚度一般为 40～90 m，最厚可达 140 m，水位埋深较浅，一般在 2～27 m，含水层粒度在南北方向上变化不明显，东西方向上是东细西粗，砂层质地均一，结构松散，孔隙率大，透水性强，地下水水交替循环作用较好，加之岩性本身含盐量较低，其地下水化学类型主要为 HCO_3^-Ca·Na 或 HCO_3^-Ca·Mg 型水；河谷区孔隙潜水主要分布于区内各河流的一级阶地和高漫滩中，补给条件好，地下水丰富或较丰富，河谷区地下水水化学类型简单，水质较好。

图 3-6　陕蒙宁风积沙区典型地形地貌特征

碎屑岩类孔隙—裂隙水分布于全区第四系松散层之下，在较大沟谷中局部出露，大多数地段地下水较贫乏，且水质较差。只有侏罗系煤系地层的烧变岩带裂隙和白垩系砂岩裂隙孔隙中含有相对丰富的地下水。侏罗系烧变岩带裂隙水分布于榆溪河、秃尾河、窟野河的支流水长沟、彩兔沟、清水沟、麻家塔沟等沟源地带，接受上覆松散岩类孔隙水的补给，地下水补给、富集条件较好，动态稳定，水质良好。白垩系砂岩裂隙含水层在本区域大部分都有发育，以河流相砂岩沉积为主，结构疏松，孔隙发育，各岩组中虽夹有一些透镜体状泥岩，但厚度一般较小，不能构成稳定隔水层。含水层厚度从东向西逐渐变厚。地下水水力联系密切，部分地段同上覆风积砂层或萨拉乌苏组冲湖积砂层构成统一的含水层。

因此，第四系孔隙潜水和白垩系裂隙水是当地生产生活的主要供水含水层，也是矿井开采的主要补充水水体。

3.6.3 煤炭开采主要环境影响特点

由于本区特殊的水文地质条件和脆弱的生态环境，煤炭开采对开采区产生了较大的环境影响：地面变形、植被破坏、土地沙化、水文地质条件改变、地下水资源枯竭以及水质污染等，而在诸多因素中，采煤对地下水环境的影响尤为突出。

大部分区域煤层埋藏浅，煤炭开采产生的冒落带、裂隙带极易穿过顶板基岩导通含水层，甚至直达地表形成地面沉降、地裂缝、地表塌陷等，其结果是：一方面，煤层上覆含水层中地下水大量涌入矿坑，造成井下突水事故；另一方面，造成大量水资源浪费，破坏矿区水环境，二者共同反映为地下水水位降低、地下水的水力梯度场和流场发生根本的变化，以致上覆含水层被疏干或降至基岩顶板，引起附近井泉下漏、湖泊干涸和河流断流。如母河沟泉域，分布在大柳塔矿区，是一个完整的第四系地下水流含水盆地，萨拉乌苏组是泉域唯一的含水岩层，矿区开发初期，一直以母河沟泉域地下水为矿区的供水水源。1996 年后，该泉域地下水水位不断下降，1997 年探测的地下水水位已下降到基岩面附近，表明萨拉乌苏组地下水已被基本疏干，主泉口已断流，母河沟泉流量也不断减少，2006 年 8 月测得流量为 0，泉水衰减达 90%以上（李莹，2008）。如陕蒙交界的红碱淖，为我国最大的沙漠淡水湖，依赖于 7 条季节性河流、湖面降水和地下水进行补给，近 6 年来，随着煤炭的大规模开发使河流和地下水的补给大幅度减少，湖泊水位下降明显，幅度达到了 3 m，湖面面积每年平均减少 4 km^2，已从 1967 年的 67 km^2 消退到现在的 32.8 km^2，缩减了近一半。对地下水水质产生影响的因素中，煤矸石所产生的淋滤水应该要受到重视，虽然本区域的细沙对水中污染物质有较强的吸附作用，能有效减轻对地下水的污染，但本区域的第四系含水层埋深实在太浅（2～27 m），煤矸石淋滤水中污染物大量进入地下水含水层，对其造成了严重的污染。

由于本区域属我国重度缺水区域，煤层开采又造成严重的地下水流失，大部分煤矿在环评阶段提出了废水零排放的要求，但外排水量较大，多数煤矿没有达到该要求。如榆神矿区的金鸡滩煤矿，从 2012 年建矿以来一直达不到环评批复所要求的废水零排放，长期违法排放多余的矿井水，2015 年 4 月，榆林市环保局对其下达了停产整顿的决定。

陕蒙宁风积沙区煤层开采所造成的地表移动规律是符合坚硬顶板条件下的地表移动规律，下沉相对来说较小，地貌产生的“畸变”不算很显著，再加上陕蒙宁风积沙区开采裂缝的主要形式是动态裂缝，因此陕蒙宁风积沙区煤层开采产生的地表裂缝会很快闭合或被风沙所覆盖，如神东矿区祁连塔煤矿 12406 工作面，所产生的 5 条动态裂缝发育从开始出现裂缝到最终闭合的平均天数为 18 d。另外，根据张建明（2013）对祁连塔煤矿含水层的研究，陕蒙宁风积沙区综采工作面采动趋稳后，开采“疏松”和大气降水的共同作用，以及土层良好的储水条件使地表层含水性有着明显的自修复趋势，并且地表层含水性自修复时间比较短，基本小于一个自然年，其中大气降水是提高地表层含水性最重要的外因。虽然煤层的高强度开采使得陕蒙宁风积沙区的植被受到严重破坏，但对其进行人工恢复仍有较好的基础条件。

3.6.4 环境影响后评价重点关注问题

本地区为我国重度缺水区域，生态环境极为脆弱，植被覆盖度较低，但浅层地下水相对来说较为丰富，本区域的主要水资源就为地下水资源，植被类型也主要受地下水控制。当进行煤炭开采时，地下水被大量排放，因此造成植被枯死、土地沙化、地下水资源枯竭以及水质污染等环境问题。

因此，本区域在后评价中应重点关注土地荒漠化、采煤对地表水和地下水资源的影响、外排水的实际综合利用情况以及植被破坏与恢复情况。

3.7 结语

以上通过分析六大区域的环境特征和煤炭开采产生的主要环境影响特点，各区域后评价的重点见表 3-4。

表 3-4　分区域环境特征及环境影响后评价重点关注问题

序号	名称	典型分布区域	所属基地	重点矿区	区域环境特征	后评价重点关注问题	备注
1	中西部黄土丘陵沟壑区	我国黄河的中游和黄土高原的北部地区，包括我国河南、山西、陕西、内蒙古、宁夏、甘肃、青海大部分地区	晋北基地、晋中基地、晋东基地、黄陇基地、陕北基地东部、神东基地东部、宁东基地东南部、河南基地西部	榆横（南区）、榆神（长城以南）、准噶尔、神东（大柳塔矿以南）、包头、府谷、彬长（含永陇）、黄陵、旬耀、铜川、蒲白、澄合、韩城、华亭、晋城、潞安、阳泉、武夏、太原西山、东山、汾西、霍州、离柳、乡宁、霍东、石隰、大同、平朔、朔南、轩岗、河保偏、岚县、萌城和义马等矿区	以梁筛状丘陵为主，地形破碎、沟壑纵横、坡陡沟深、降水量较少，植被以矮草、灌木和旱生作物为主，覆盖率较低，生态环境脆弱	采煤塌陷所造成的土地和植被破坏、生态影响程度和生态恢复措施有效性，以及对地下水资源和具有供水意义的河流、泉眼的影响	
2	黄淮高潜水位平原区	我国东部华北平原和长江中下游平原中地下水埋深较浅的地区，包括河北、河南、山东、安徽和江苏等地	冀中基地、鲁西基地、河南基地（东部）和两淮基地	淮南、淮北、兖州、济宁、新汶、枣滕、龙口、淄博、肥城、巨野、黄河北、鹤壁、焦作、郑州、平顶山、永夏、峰峰、邯郸、邢台、井陉、开滦、蔚县、宣化-下花园、张家口北部、平原大型煤田等大型矿区	农业生产普遍历史悠久，人口密度高，城镇星罗棋布，耕地面积大，土壤肥沃。植被以农作物为主，局部沟谷或山麓丘陵阴坡出现小片落叶阔叶林，南部接近亚热带，散生马尾松、朴、柘、化香树等乔木	主要为采矿所产生的沉陷积水情况、对耕地和农业产生的影响，以及减缓沉陷影响措施的实施情况	

序号	名称	典型分布区域	所属基地	重点矿区	区域环境特征	后评价重点关注问题	备注
3	蒙东草原区	内蒙古东部	蒙东基地	包括扎赉诺尔、宝日希勒、伊敏、大雁、霍林河、平庄、白音华、胜利等大型矿区	本区域属于半干旱、半荒漠草原，该区降雨量少、蒸发量大，土地贫瘠，地形起伏不平，耕作条件差，土地生产力低，土地利用类型主要为林草地。该区域生态影响主要特征是潜水位降低影响地表植被生长，导致土壤盐渍化加剧	草场退化、荒漠化、土壤盐渍化，河流生态服务功能退化	
4	新疆戈壁荒漠区	新疆准东、伊犁、吐哈、库拜	新疆基地	大南湖、五彩湾、大井、西黑山和将军庙、硫磺沟、伊宁、四棵树、昌吉白杨河、拜城等34个矿区	新疆煤炭资源主要分布在准噶尔和塔里木两个含煤区，煤炭资源呈“北富南贫”之势。戈壁荒漠区区域人口密度低，工业不发达，水土流失问题不突出，生物多样性水平相对较低，因而煤炭开发活动造成的影响不显著。新疆地区生态脆弱，尚无有效的生态恢复技术	土地荒漠化、土壤侵蚀及生物多样性	

序号	名称	典型分布区域	所属基地	重点矿区	区域环境特征	后评价重点关注问题	备注
5	云贵川喀斯特地貌区	云南曲靖、昭通、红河；贵州六盘水、遵义、毕节、黔西南；四川泸州、宜宾	云贵基地	盘县、普兴、水城、六枝、织纳、黔北、老厂、小龙潭、昭通、镇雄、恩洪、筠连、古叙等大型矿区	本区域地质条件复杂，以喀斯特地貌和山区岩溶地质环境为主，生态系统异常脆弱，水资源较为丰富，耕地资源贫乏，土壤侵蚀和石漠化相对严重，采煤沉陷极易引发山体滑坡、崩塌等地质灾害，还会加剧区域石漠化。 该区是我国长江以南最大的煤炭富集区，煤质以中、高变质煤为主，但区域地质构造复杂，原煤含硫量较高，部分地区含砷、汞等有毒有害元素，且绝大部分矿井为高瓦斯矿井，再加上运输困难，煤炭开采成本较高。现有煤矿主要集中在贵州西部，规模以中小型为主。由于原煤含硫量总体较高，下游火电等产业的发展将加剧当地的酸雨和二氧化硫污染	水土流失、石漠化、泥石流等造成的地质灾害、地表水功能退化等水环境污染、酸雨和二氧化硫污染	

序号	名称	典型分布区域	所属基地	重点矿区	区域环境特征	后评价重点关注问题	备注
6	陕蒙宁风积沙区	陕北、内蒙古西部、宁夏东部	神东基地、宁东基地大部和陕北基地部分区域	神东（大柳塔矿以北）、榆神（长城以北）、榆横（北区）、万利、石嘴山、灵武、鸳鸯湖、横城、韦州、马家滩以及积家井等大型矿区	地广人稀、沙丘起伏、滩地广阔、风日多、风力大，海拔在930～1 600 m，地形起伏相对较小，所覆盖，地表植被为以耐旱和耐寒的旱生或沙生植物为主，呈现稀疏灌丛植被景观	土地荒漠化、采煤对地表水和地下水资源的影响、外排水的实际综合利用情况以及植被破坏与恢复情况	

注：东北地区：新建煤矿少，后续资源不足，重点主要是地表沉陷、土地挖损、矸石山堆积、环境污染等历史遗留环境问题的治理。

第 4 章

重点环境影响要素环境影响后评价方法

煤炭采掘项目的环境影响具有污染和生态影响的双重特点。随着我国环境管理制度的完善和污染防治技术的进步，煤矿项目的污染防治（废水、废气、噪声、固体废物）取得了较好的效果，而生态影响和地下水影响具有潜在性、长期性和累积性，其环境影响将随着煤矿服务时间的延续日益凸显。因此，生态环境和地下水环境的后评价是整个后评价工作的重中之重。本书针对重点环境影响要素（生态、地下水）进行环境影响后评价技术方法研究。

本书通过对已开展环境影响后评价工作的煤炭企业进行实地调研，重点对后评价报告中采取的技术方法进行总结、验证，分析已有生态环境和地下水环境调查和评价方法在六大区的适用性，并总结已开展后评价的煤矿存在的问题，为政策管理提供技术支撑（图 4-1）。

4.1　生态环境影响后评价方法

中西部黄土丘陵沟壑区煤炭开采生态环境影响评价重点是水土流失、地表裂缝等；黄淮高潜水位平原区的评价重点是沉陷积水、土地利用结构变化等；蒙东草原区的评价重点是草场退化、荒漠化以及土壤盐渍化等；新疆戈壁荒漠区的评价重点是土地荒漠化、土壤侵蚀；云贵川喀斯特地貌区的评价重点是水土流失、石漠化等；陕蒙宁风积沙区的评价重点是植被恢复情况等。

图 4-1　重点要素环境影响后评价方法研究内容

4.1.1　生态环境影响调查方法

根据生态环境影响的空间和时间尺度特点，生态环境影响后评价应调查影响区域内涉及的生态系统类型、结构、功能和过程，以及相关的非生物因子特征（气候、土壤、地形地貌、土地利用、植被等）。

煤炭开采环境影响实质是井工或露天开采对生境的直接破坏，以及对群落的影响，即从地表沉陷、土壤环境、景观三个方面作为主要评价内容。

4.1.1.1　地表沉陷调查方法

矿山开采引起的地表移动和变形过程受到多种地质采矿因素的影响，是一个十分复杂的时空力学过程，目前最有效的研究办法是通过实地观测，依据对观测成果的分析、研究来掌握地表移动规律和矿区塌陷区域生态环境的变迁与演化过程，为安全开采和塌陷区环境综合治理提供科学的依据。

地表沉陷调查的主要内容是沉陷范围和沉陷特征，本书从这两个方面分析常用的技术方法。

（1）沉陷范围调查

地表沉陷范围常用的方法是实测法和收集资料法。

实测法主要包括水准测量法、全站仪三角高程测量、GPS 测量法、D-InSAR 技术和三维激光扫描等方法。水准测量法、全站仪三角高程测量、GPS 测量法可实现沉陷范围的实测，但工作量大，费时费力，有些地方因受地形限制导致人力无法完成测量，有一定的局限性；D-InSAR 技术和三维激光扫描可确定沉陷范围，优点是全天候的，受限因素少（姜兴阁，2012）。

收集资料法主要是收集煤矿地表岩移观测成果资料，开采前后及开采过程中井上下对照图，裂缝、崩塌、滑坡分布图等资料，综合分析确定沉陷范围，优点是受限制因素少、省时、省力。

（2）沉陷特征调查

地表沉陷特征常用的方法是资料收集法和新技术监测法。

资料收集法主要是收集地表岩移观测资料和开采前后、不同开采时期地表沉陷特征调查资料。地表岩移观测资料中的观测方法主要为水准测量法、全站仪三角高程测量、GPS 测量法、D-InSAR 技术和三维激光扫描等；地表沉陷特征调查资料主要包括不同时期井上下对照图，裂缝、崩塌、滑坡分布等资料。

新技术监测法包括三维激光扫描和 D-InSAR 技术。

（3）方法分析

地表移动变形监测的传统方法主要是通过建立实地观测站，采用水准测量、全站仪、GPS 等仪器测量进行定期观测，获取特定开采区上方的地面动态变形数据。水准测量目前仍然是高程测量的最常用方法，测量精度高、操作便捷是这种方法的优势，但受地形起伏的限制，外业工作量大，实测速度较慢；全站仪三角高程测量是一种间接测高法，它不受地形起伏的限制，且施测速度快，可结合 GPS 测量法，在测量中被广泛应用。GPS 测量法与上面两种方法相比受地形限制较小，效率高，对丘陵地区的井工煤矿地表沉陷观测更具有优越性。

三维激光扫描和 D-InSAR 技术（差分合成孔径雷达干涉）作为地表沉陷监测的高新技术，尚未得到全面推广应用。三维激光扫描克服了传统测量方法条件限制多、采集效率低下等劣势，可以深入任何复杂的现场环境及空间中进行扫描操作。D-InSAR 技术结合高分辨成像、合成孔径雷达和干涉测量技术，不仅能够测量地形、研究地表覆盖类型，还能监测由地壳运动和地下资源开采而引起的地表形变，具有全天候、全天时的特点，且分辨率高、覆盖范围大，可实现大面积监测（表 4-1）。

表 4-1　地表沉陷监测方法一览表

监测方法	方法说明	优缺点	适用条件
水准测量法	通过水准仪及配套水准尺测量两点间高差的方法。若其中一点的高程已知，则另一点的高程可由水准测量得到的高差和已知点的高程求得。施测过程中按三等水准测量的精度要求进行。当地形起伏较大时，为了保证通视，通常需要布置多个转点进行测量，从而导致误传和累计；观测中平面测量和高程测量常常分开进行，所测结果不能完全反映测点在所测时刻的空间位置	是一种直接测量高程的方法，测量高差的精度较高，但受地形的影响大，转站多，施测速度慢。在丘陵、山地的矿区用几何水准测量进行高程传递是非常困难的	适用于简单地形条件下的井工煤矿地表移动变形监测。适用于小范围调查
全站仪三角高程测量	具有测程远、精度高、操作简单、功能齐全、可进行数据存取和通信以及自动化程度高等特点和优点，广泛应用于各行各业的测量，更适合于对移动目标及空间点的测量。通过全站仪进行高程测量可以快速准确地测得高程数据，使得测量作业速度大大地提高，而且减少了水准测量因为转站多和高差过大，以及大风等恶劣条件下引起的误差，大大降低了测量工作量与工作强度	与水准测量相比有很多优势，尤其是在丘陵地带或山区的测量，以及在高差和坡度较大的测量中有较大的优越性。应用全站仪进行三角高程测量，可在测量平面控制网的同时进行高程控制网测量，与普通三角高程测量相比节省大量的计算工作；和传统的水准测量相比，在交通不便的山区及沼泽、水网地区，具有便于测量和提高施测速度的优越性。但开采沉陷监测点一般沿开采煤层的走向和倾向布设成线状，如果所有的点都利用全站仪进行监测，对远离基准点的监测点所获取的坐标信息可能会产生一定的误差	适用于交通不便的山区井工煤矿地表沉陷调查，可结合 GPS 测量法同时使用。适用于小范围调查

监测方法	方法说明	优缺点	适用条件
GPS 测量法	基本原理是通过测量接收机到卫星的距离，从而建立星地距离方程，进而求解用户接收机三维坐标。GPS 高程测量是利用该技术获取大地高，间接求解地面正常高的方法	具有观测精度高，可全天候作业且观测数据处理的高度自动化等优点，且 GPS 观测点间无须通视，与常规测量方法相比受地形限制较小，效率高。由于开采沉陷监测频率较高，点位数量较大，且监测点位置关系的特殊性，因此全面采用 GPS 监测在工作效率和生产成本上并不可取	对丘陵地区的井工煤矿地表沉陷观测更具有优越性。适用于小范围调查
D-InSAR 技术	具有常规测量方法无法比拟的优势，常规测量方法获取的是单点信息，要获得线、面信息须通过插值求出。D-InSAR 技术是由符合干涉条件的影像通过滤波、相位解缠、去平地效应、地理编码等处理流程得到形变信息的方法，其监测的变形精度可达到厘米级甚至毫米级	具有大面积、连续、快速的优势，能够满足高精度要求，是水准测量和其他测量方法的有效补充，在大面积、短周期沉陷区损害调查及预测中具有明显的优势。但不能满足时间域上的高分辨率，特别是在开采沉陷的活跃阶段，两次监测的时间间隔不能满足矿山开采沉陷监测的时效性	适用于井工煤矿地表微变形监测。可进行大范围调查
三维激光扫描	相较于传统测量方法，具有自动连续、全数字化、非接触、高密度、采集数据速度快、实时动态、高精度、信息量大等优点。利用三维激光扫描技术对地表沉陷盆地进行监测，能够更加直观地获得沉陷区域移动变化信息，相对于近景摄影测量技术、干涉合成孔径雷达技术，在监测难易程度、数据分析准确度、模型数据精度、数据处理速度、数据采集效率等方面的优势较明显	该技术用于矿区开采引起的地面沉降变形监测，不仅能满足变形监测的高精度要求，而且能够快速地获取整个变形监测区的相对空间位置及垂直位置变化，以确定监测区地表沉降变形情况，由此获得的沉降变形结果能更全面、直观地反映地表整体沉降变形特征情况。但是扫描所获取的结果是地表信息，由于地表区域存在大量的植被，而植被又是一组动态变化的地物，因此它对整个监测结果会带来一定的影响	适用于井工煤矿沉陷地形监测、露天矿边坡变形监测及露天矿重塑地形地貌监测。可进行大范围调查

（4）典型案例

①地表岩移观测站采用的观测方法

a）陕西榆林 A 煤矿首采工作面地表移动规律观测（已开展后评价）

陕西榆林 A 煤矿位于陕北黄土高原北部，地处陕西省榆林市神木县中部，是榆林神府地区新建的煤炭开采企业。井田东西宽约为 9.9 km，南北长约为 19.5 km，面积约为 135.1 km^2。矿井设计生产能力达到 1 000 万 t/a。

矿区内地形支离破碎，沟壑纵横，为典型的黄土高原地貌，区内植被稀少，水土流失严重。煤层上覆基岩厚度一般在 50～140 m，黄土层厚度一般在 50～100 m。该煤矿首采工作面（N1201）长 2 740 m，宽 295 m，煤层总体呈水平，倾角 10°左右，局部呈波状起伏状态，煤层埋深为 50～170 m，平均采高 3.9 m。

由于地形的特殊性和复杂性，由开采引起的地表移动变形因此也变得非常复杂。首先，厚湿陷性黄土覆盖层的开采沉陷损害显现为台阶式切落裂缝破坏。这种破坏具有衍生损害性，即遇到雨水侵蚀冲刷后，裂缝变宽甚至发展为塌陷破坏，对地表危害极大。其次，黄土沟壑区开采沉陷范围与一般平地不同，随着开采地表的裂缝出现，在重力作用下，开采沉陷损害范围逐渐增大，在山体边缘处甚至衍生为滑坡灾害，从而加剧了水土的流失，这种沟坡纵横切割的地形使开采沉陷区范围与平原地区相比有所不同。

A 煤矿和西安科技大学于 2008 年 10 月开始对 A 煤矿首采工作面进行开采地表移动观测研究。

监测布点：根据 A 煤矿首采工作面开采环境，进行了地表移动观测设计。在观测区地表布设了一条走向观测线 Z 线、两条倾向观测线 A 线和 B 线，另建立控制点 9 个。倾向观测线 A 布置测点 21 个；倾向观测线 B 布置测点 25 个；走向观测线 Z 布置测点 17 个，总计测点 63 个。

监测方法：控制点的观测采用 GPS 和全站仪相结合的方法，在测区周边的适当地方进行了 9 个控制点的测量。这些控制点在采区沉陷的影响范围之外，在以后的测量中，可视为不动点（即永久控制点）。

全面观测采用全站仪和水准测量相结合的方法，全面观测主要是：a. 地表移动之前，进行两次全面观测，形成初次全面观测成果；b. 工作面开采结束之前，进行一次全面观测；c. 工作面开采结束，地表下沉基本稳定时，进行一次全面观测，形成末次全面观测成果。

日常观测主要采用水准测量法，主要在首次和末次全面观测之间适当地增加水准测量工作，当开采工作面推进宽度达到采深的 0.2～0.5 倍后，在预计可能首先发生的地区，选择几个工作测点每隔几天进行一次水准测量，监控地表是否开始移动（图 4-2）。

静态 GPS 接收信号

地表移动观测点埋设

图 4-2 观测方法示意图

监测周期：截至 2010 年 7 月，对观测区共进行了 6 次全面观测，23 次日常观测，取得了 4 000 多组可靠的观测数据。

控制点的观测每次采用 4 台静态 GPS 机（两台放置在已知点，两台放置在待测控制点）进行同时同步测量，测量时间为 1 h。

地表移动之前的全面观测应独立进行两次，时间间隔不超过 5 d，两次观测同一点高程差不大于 10 mm，点位坐标互差不超过 20 mm，取平均值作为观测站的原始观测数据。

日常观测的时间间隔，视地表的下沉速度而定，一般是每隔 1～3 个月观测一次（图 4-3）。

数据分析：地表移动和变形计算主要包括：各测点的下沉和水平移动；相邻两测点间的倾斜和水平变形；相邻两线段的曲率变形；观测点的下沉速度等。

由图 4-3 分析可知，三条观测线的下沉曲线基本能反映出地表各测点下沉的启动阶段、活跃阶段和衰退阶段，这符合地表下沉的一般规律。

由图 4-4 分析可知，倾向观测线 A 的倾斜变化规律性比较明显，位于顺槽附近的倾斜值明显较大，而位于采区中部和采区两侧的倾斜值较小；倾向观测线 B 和 Z 的倾斜变化规律性均没有 A 线的规律性明显。

由图 4-5 分析可知，各测线的曲率变化较凌乱，曲率值跳跃性比较大，这与测线点的布置有关。所以测线曲率曲线的变化规律可靠性不大。它与坡体地形关系极大，在坡体表土滑移条件下，当开采深度较大时，采动引起地表曲率变形分布极不稳定。

由图 4-6 分析可知，倾向观测线 B 与 A 的水平移动规律大致相同，位于两侧顺槽上方的地表水平移动值较小；走向观测线 Z 的水平移动规律相对于倾向观测线来说，有明显不同。

由图 4-7 分析可知，随着工作面的不断推进，下沉速度也呈间断性的增长，当达到下沉活跃期时，有一个最大的下沉速度，当下沉活跃期过去以后，地表各点的下沉速度又逐渐减小，直到地表稳定时下沉速度趋于零，此时下沉盆地已经形成。

岩移参数：通过对数据分析可知，A 线最大下沉值为 1.794 m、B 线最大下沉值为 2.150 m、Z 线最大下沉值为 2.068 m。在此基础上，给出了 A 煤矿 2-2 煤层开采地表岩层移动参数。

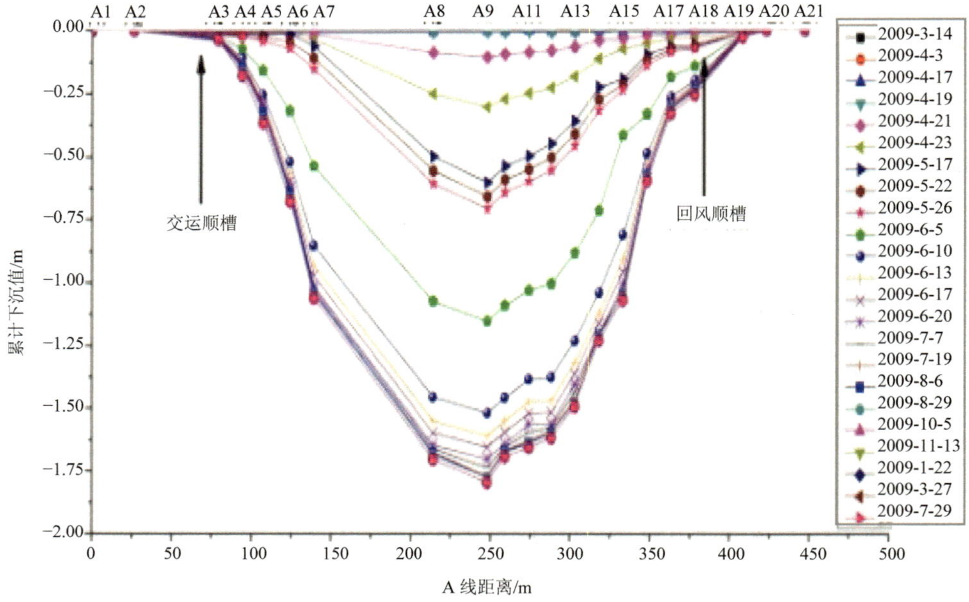
A1 A2 A3 A4 A5 A6 A7 A8 A9 A11 A13 A15 A17 A18 A19 A20 A21
交运顺槽
回风顺槽
累计下沉值/m
A 线距离/m
2009-3-14
2009-4-3
2009-4-17
2009-4-19
2009-4-21
2009-4-23
2009-5-17
2009-5-22
2009-5-26
2009-6-5
2009-6-10
2009-6-13
2009-6-17
2009-6-20
2009-7-7
2009-7-19
2009-8-6
2009-8-29
2009-10-5
2009-11-13
2009-1-22
2009-3-27
2009-7-29

（A）

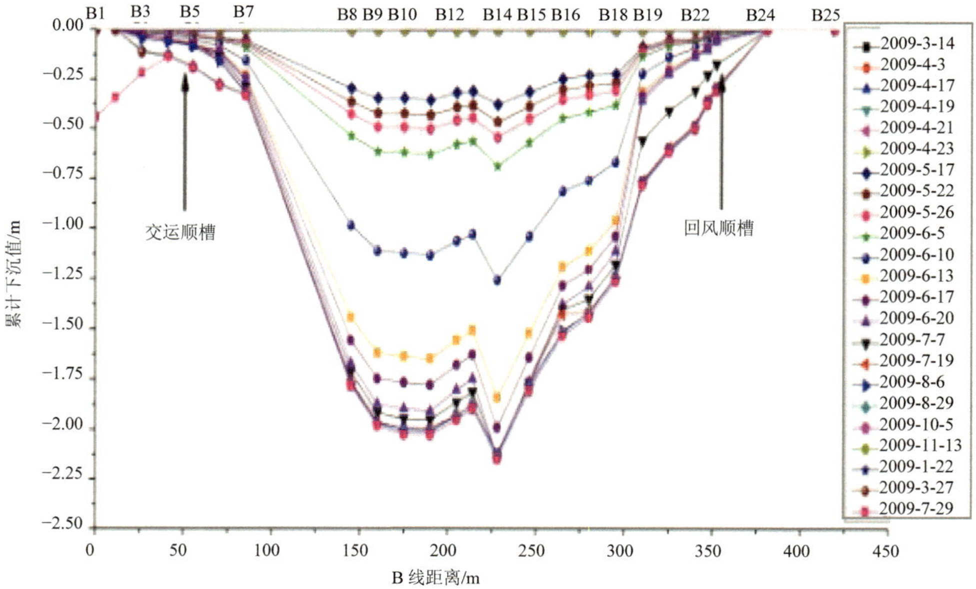
B1 B3 B5 B7 B8 B9 B10 B12 B14 B15 B16 B18 B19 B22 B24 B25
交运顺槽
回风顺槽
累计下沉值/m
B 线距离/m
2009-3-14
2009-4-3
2009-4-17
2009-4-19
2009-4-21
2009-4-23
2009-5-17
2009-5-22
2009-5-26
2009-6-5
2009-6-10
2009-6-13
2009-6-17
2009-6-20
2009-7-7
2009-7-19
2009-8-6
2009-8-29
2009-10-5
2009-11-13
2009-1-22
2009-3-27
2009-7-29

（B）

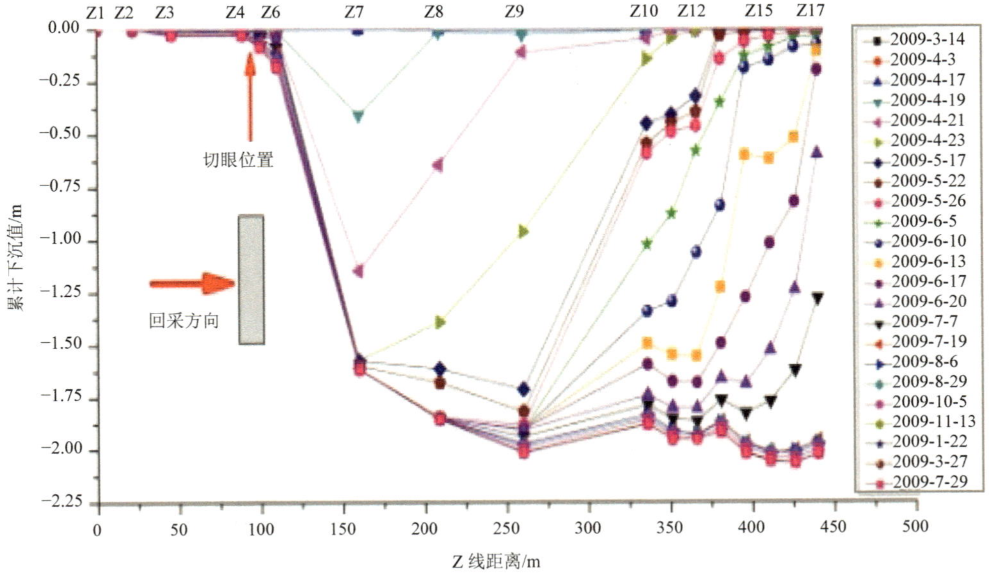

（C）

图 4-3　观测线（A、B、C）的动态下沉曲线

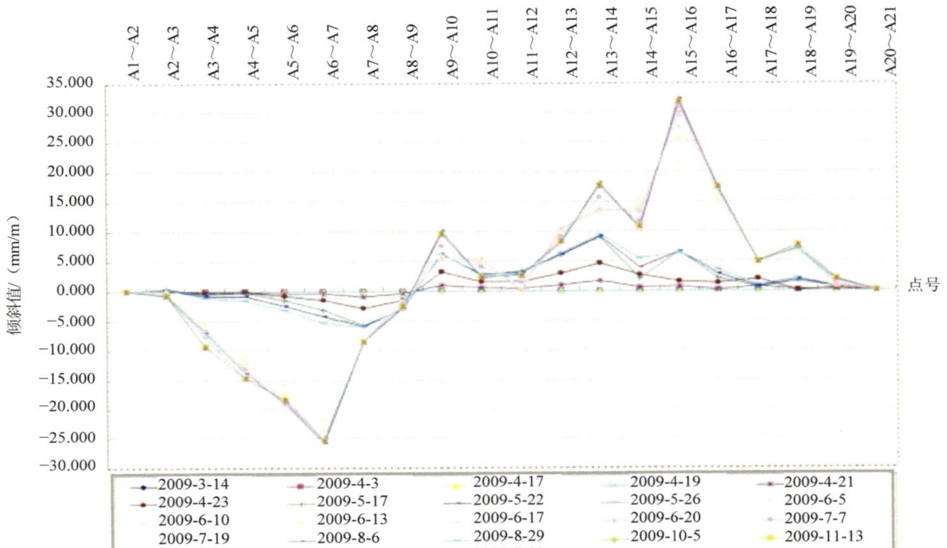

（A）

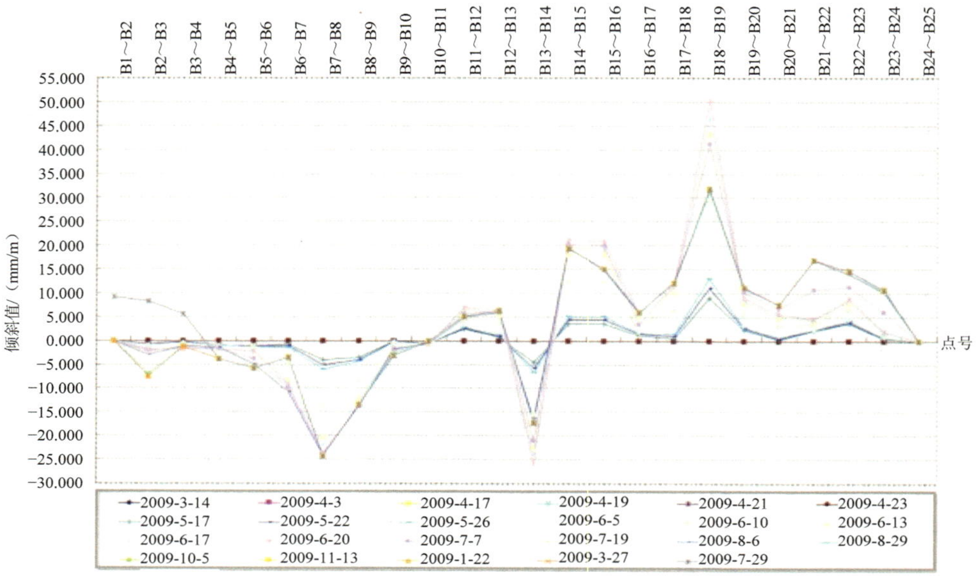

（B）

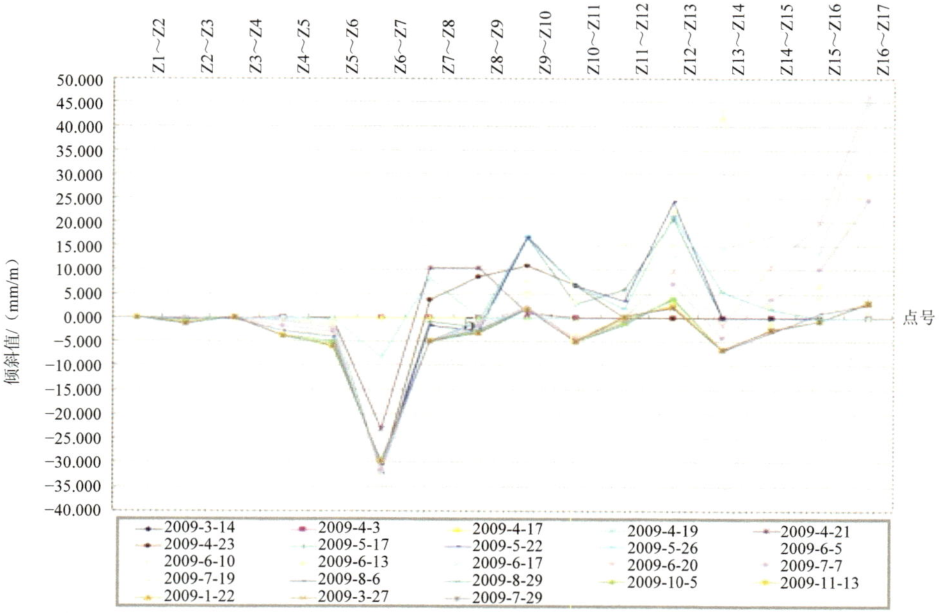

（C）

图 4-4　观测线（A、B、C）相邻两点倾斜变化

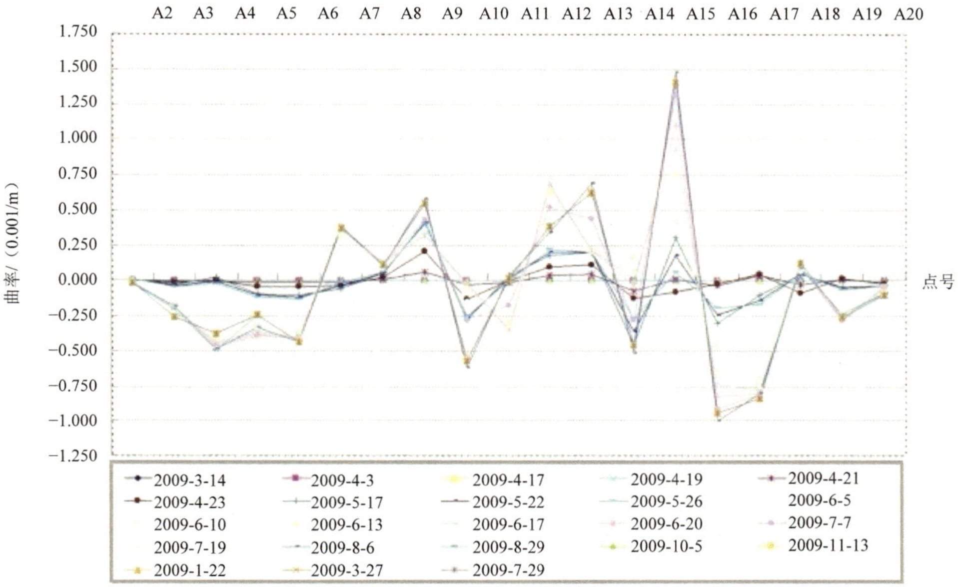
A2 A3 A4 A5 A6 A7 A8 A9 A10 A11 A12 A13 A14 A15 A16 A17 A18 A19 A20
1.750
1.500
1.250
1.000
0.750
0.500
0.250
0.000
−0.250
−0.500
−0.750
−1.000
−1.250
曲率/（0.001/m）
点号
2009-3-14
2009-4-3
2009-4-17
2009-4-19
2009-4-21
2009-4-23
2009-5-17
2009-5-22
2009-5-26
2009-6-5
2009-6-10
2009-6-13
2009-6-17
2009-6-20
2009-7-7
2009-7-19
2009-8-6
2009-8-29
2009-10-5
2009-11-13
2009-1-22
2009-3-27
2009-7-29

（A）

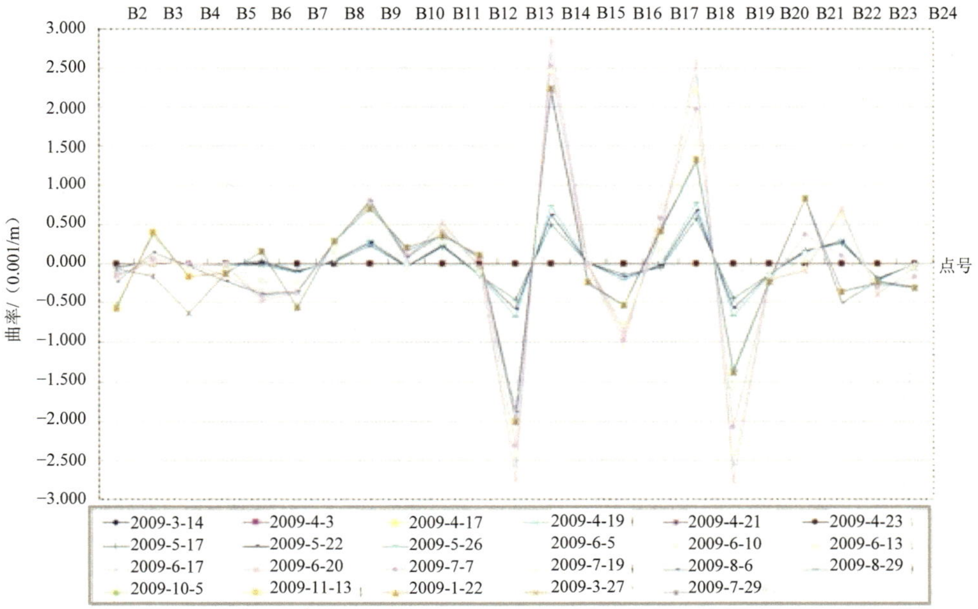
B2 B3 B4 B5 B6 B7 B8 B9 B10 B11 B12 B13 B14 B15 B16 B17 B18 B19 B20 B21 B22 B23 B24
3.000
2.500
2.000
1.500
1.000
0.500
0.000
−0.500
−1.000
−1.500
−2.000
−2.500
−3.000
曲率/（0.001/m）
点号
2009-3-14
2009-4-3
2009-4-17
2009-4-19
2009-4-21
2009-4-23
2009-5-17
2009-5-22
2009-5-26
2009-6-5
2009-6-10
2009-6-13
2009-6-17
2009-6-20
2009-7-7
2009-7-19
2009-8-6
2009-8-29
2009-10-5
2009-11-13
2009-1-22
2009-3-27
2009-7-29

（B）

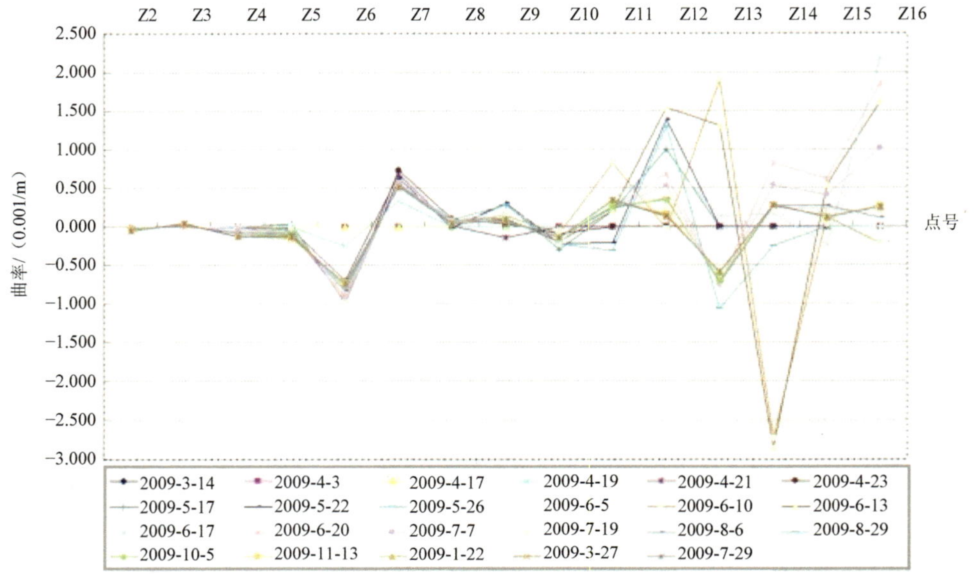

（C）

图 4-5　观测线（A、B、C）测点附近的曲率

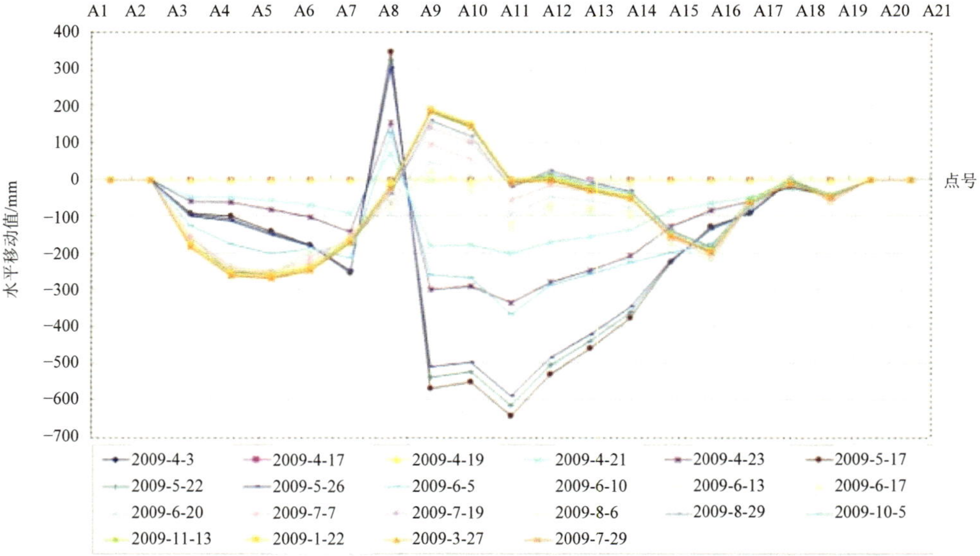

（A）

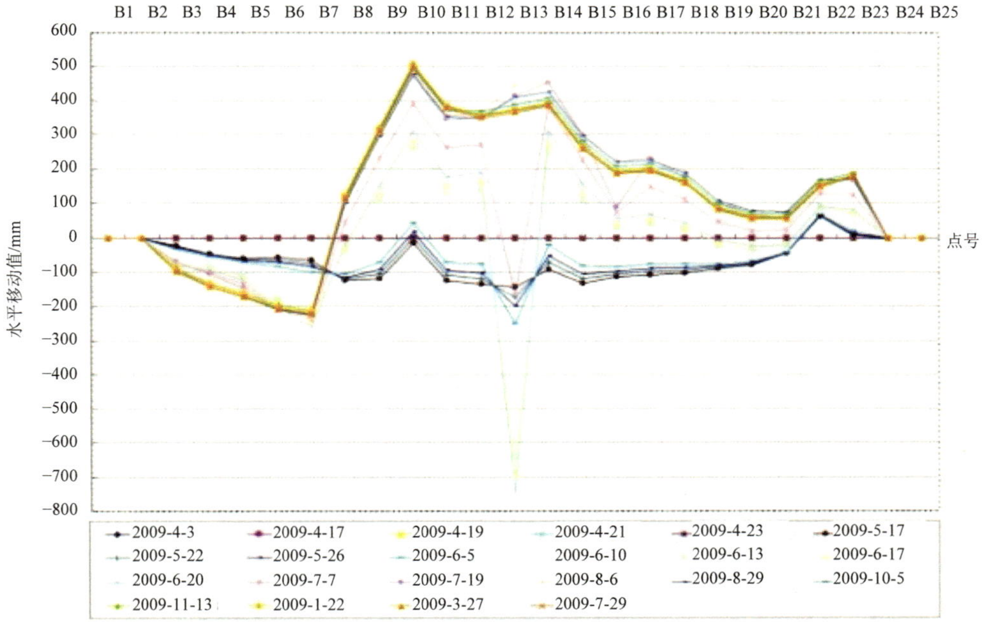

（B）

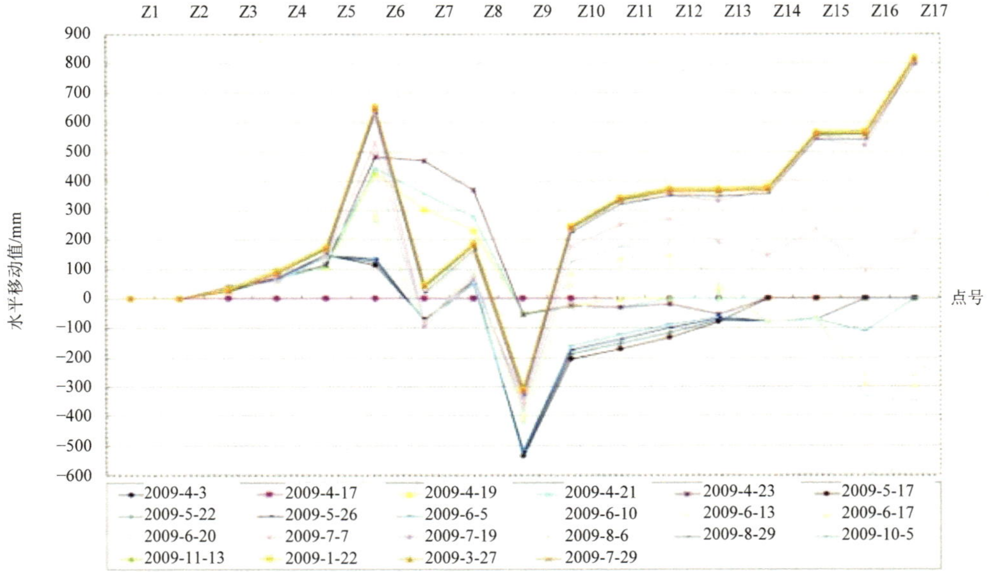

（C）

图 4-6　观测线（A、B、C）上各测点的水平移动

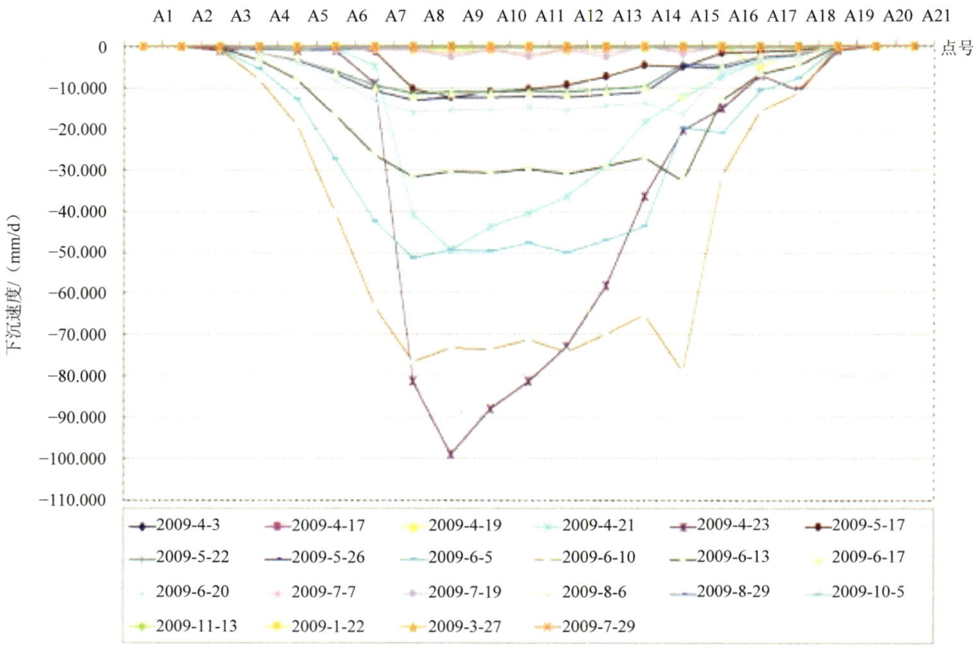
A1 A2 A3 A4 A5 A6 A7 A8 A9 A10 A11 A12 A13 A14 A15 A16 A17 A18 A19 A20 A21
点号
0
-10.000
-20.000
-30.000
-40.000
-50.000
-60.000
-70.000
-80.000
-90.000
-100.000
-110.000
下沉速度/（mm/d）
2009-4-3
2009-4-17
2009-4-19
2009-4-21
2009-4-23
2009-5-17
2009-5-22
2009-5-26
2009-6-5
2009-6-10
2009-6-13
2009-6-17
2009-6-20
2009-7-7
2009-7-19
2009-8-6
2009-8-29
2009-10-5
2009-11-13
2009-1-22
2009-3-27
2009-7-29

（A）

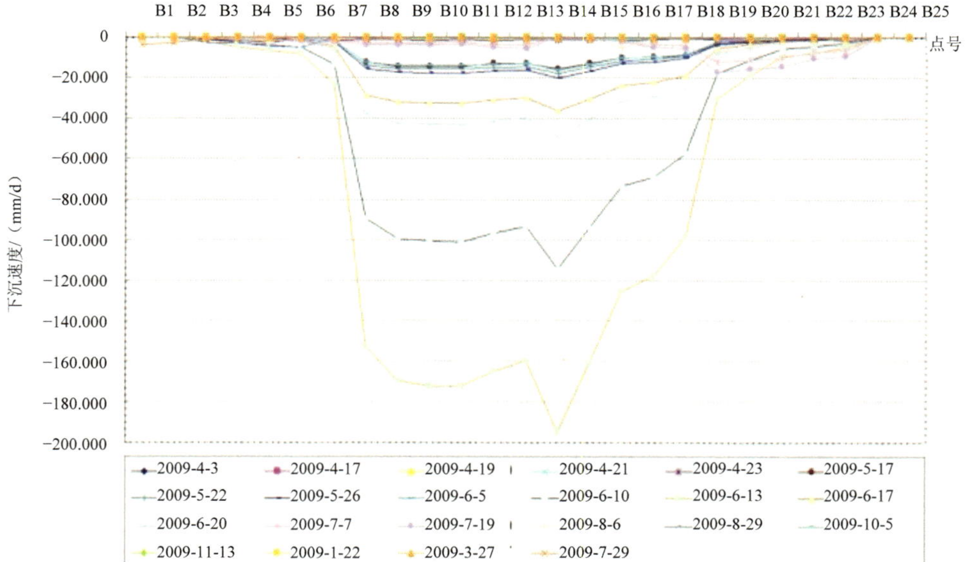
B1 B2 B3 B4 B5 B6 B7 B8 B9 B10 B11 B12 B13 B14 B15 B16 B17 B18 B19 B20 B21 B22 B23 B24 B25
点号
0
-20.000
-40.000
-60.000
-80.000
-100.000
-120.000
-140.000
-160.000
-180.000
-200.000
下沉速度/（mm/d）
2009-4-3
2009-4-17
2009-4-19
2009-4-21
2009-4-23
2009-5-17
2009-5-22
2009-5-26
2009-6-5
2009-6-10
2009-6-13
2009-6-17
2009-6-20
2009-7-7
2009-7-19
2009-8-6
2009-8-29
2009-10-5
2009-11-13
2009-1-22
2009-3-27
2009-7-29

（B）

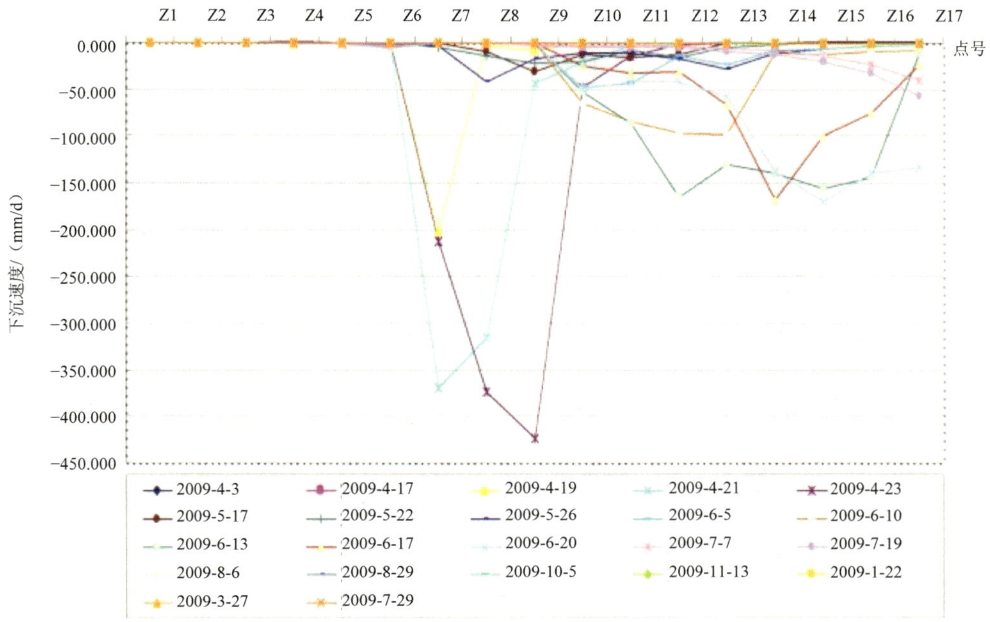

（C）

图 4-7　观测线（A、B、C）各测点不同时期的下沉速度

综合开采边界角（下山、上山和走向方向的边界角依次表示为β_0、γ_0、δ_0）：δ_0=60°，β_0=γ_0=58°；综合移动角（下山、上山和走向方向的移动角分别用β、γ、δ表示）：δ=65°，β=γ=71°；综合裂缝角（下山、上山和走向方向的裂缝角分别用β''、γ''和δ''表示）：δ''=83.5°，β''=γ''=77.2°。

根据 A 矿区的实际观测结果，并结合相关的地质资料可以初步确定其基岩角值和土层角值。基岩边界角：δ_0=69°，β_0=γ_0=0.5α，γ_0=δ_0+0.5α；土层边界角：ψ_0=52°。基岩移动角：δ=72°，β=γ=δ+0.6α；土层移动角：ψ=55°。充分采动角 ψ=61.4°；超前影响角ω =54°；最大下沉速度滞后角ϕ =46°。

观测区各测点的地表移动都经历了启动阶段、活跃阶段、衰退阶段，各个点 3 个阶段的持续时间都有所不同，最后的几次观测数据表明地表移动已经稳定，总的来看，A 矿区首采面地表移动的总周期为 450 d 左右。

沉陷规律：通过地表移动观测数据和地表沉陷的破坏特征，分析了 A 矿区特有的厚黄土层、薄基岩、浅埋深条件下的开采沉陷规律：观测区地表形成了平行于顺槽靠采空区边界外侧和切眼附近的永久裂缝，形成了随工作面的推进超前于工作面的闭合裂缝；地表移动剧烈且移动期较短；地表移动破坏较大，尤其在沟壑或沟壑范围边缘的地表变形破坏更为严重；黄土地表裂缝产生，在一定程度上抑制了地表变形的范围，增大了地表移动角；在山区地表厚黄土层覆盖条件下，在地表沉陷中会出现台阶式断裂破坏，导致黄土层的边界角减小，移动角增大，与一般开采条件下的地表移动规律不同。沉陷区的地表裂缝分布特征见图 4-8。

参数验证：介绍了国内外开采沉陷研究概况及相关理论。运用概率积分法对半无限开采时地表移动盆地主断面上的移动进行了变形预计，给出了适合概率积分法的预计参数：平均下沉系数η=0.513；主要影响角正切值 tanβ=1.72；水平移动系数 b=0.24；拐点偏移距 d=45 m=0.4H（H 为埋深）；开采影响传播角θ=82°。通过理论预计公式对实测的地表下沉曲线进行了拟合，拟合结果表明：根据实测数据确定的概率积分法参数满足矿区地质采矿条件要求，预计结果与实测结果吻合较好；运用大型有限元软件 ANSYS 对开采引起的地表沉降进行了数值模拟，进一步分析了地表移动规律及特征，模拟结果与实测结果规律一致。

②三维激光扫描

三维激光扫描的典型案例以峰峰矿区 B 矿为例，对其工作程序及取得参数的过程展开详细说明，对峰峰矿区 C 矿和兖州矿区 D 煤矿，仅简单进行成果描述。

a）峰峰矿区 B 矿

矿区位于河北省邯郸市，扫描地点为 8256 工作面上方部分区域（图 4-9）。该工作面走向和倾向均为充分采动，工作面宽为 139 m，平均采深 540 m，地面平均标高为 147 m，煤层平均厚度为 5 m，平均开采深度为 1.3 m/d，煤层倾角 12°。

L1 组裂缝的宽度特征

L1 组裂缝的延伸方向

L3 组裂缝的台阶落差

L3 组裂缝的裂缝宽度

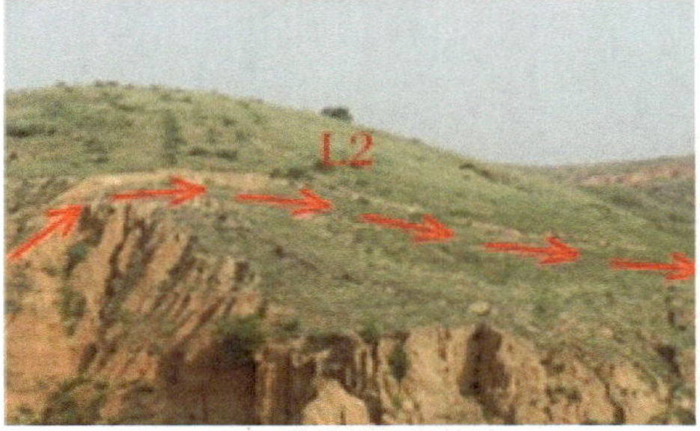

L2 组裂隙的分布特征

L2—L9 组裂隙的总体分布

L15 组裂隙的分布特征

观测区的地裂缝示意图

图 4-8　地表沉陷区的裂缝分布特征

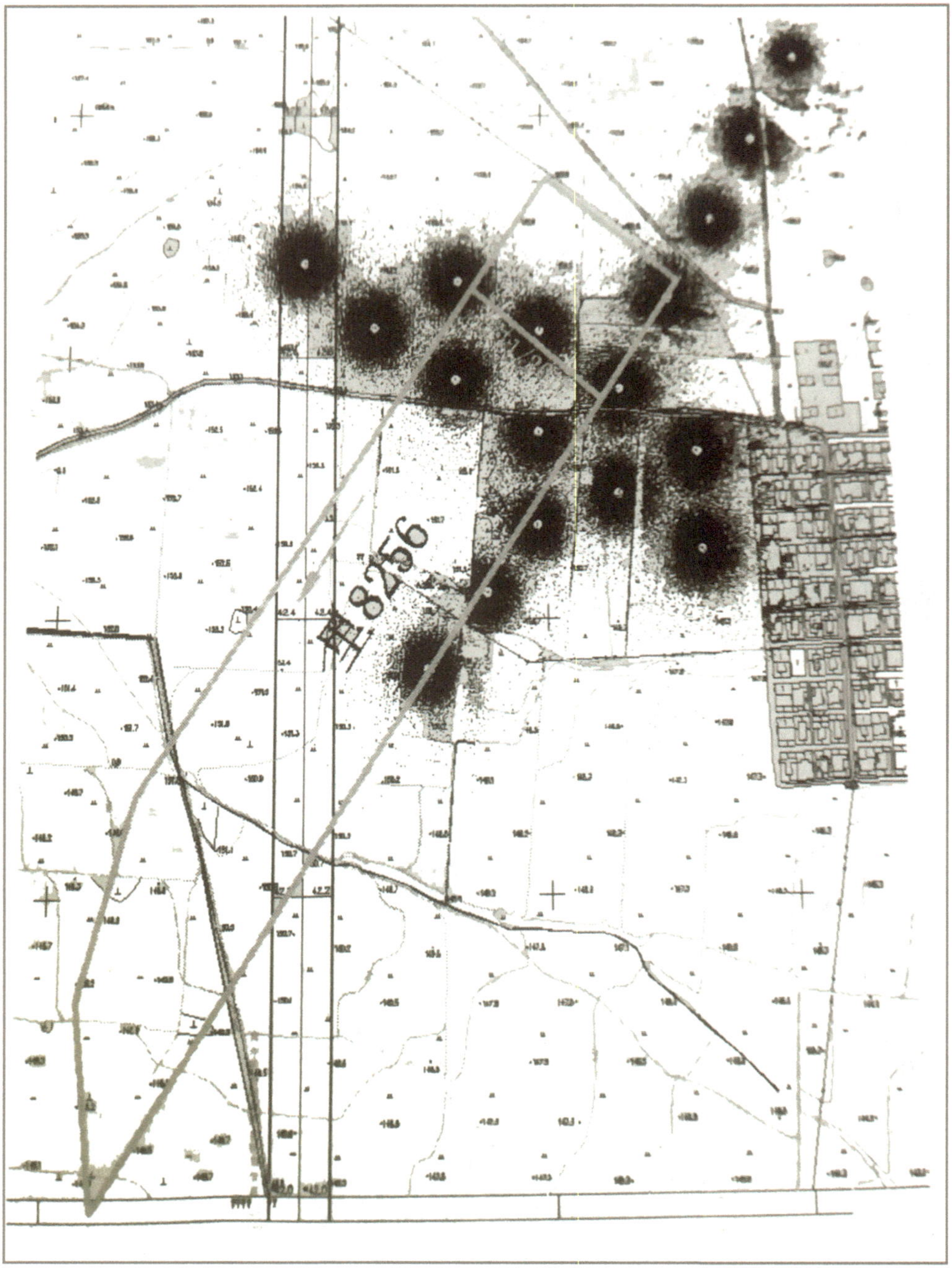

图 4-9 里 8256 工作面与观测站、点云对比

实地观测：该矿地表起伏变化不大，有低矮的农作物及少量植被覆盖。该工作面左侧和下方都为采空区，右侧为村庄，综合考虑实地及工作面地质采矿条件，把观测站布设成沿走向和倾向的两条观测线，形式上类似于传统的剖面线状观测站，但是获取的数据是两个具有一定宽度的条形扫描区域，条带宽度为 80 m 左右。此工作面共 18 站扫描数据，覆盖面积约为 14.2 万 m^2。此工作面条件较好，除了东边的一个村庄，其余都是开阔的农田，观测站的布设较为方便。对 8256 工作面上方部分区域进行了 4 次扫描，获得了丰富的数据。

扫描时间：第一次 2009.11.07—2009.11.08，共扫了 18 站；第二次 2009.12.08—2009.12.08，共扫了 12 站；第三次 2010.01.27—2010.01.28，共扫了 15 站；第四次 2010.03.09—2010.03.10，共扫了 18 站。

数据处理：在进行点云数据处理时采用 Realworks Survey 软件进行裁剪和采样，处理后输出点云的三维坐标，然后使用相应的数据处理理论及编制的相应程序进行噪声剔除。

数据处理方法可以有两种，一种为噪声剔除，另一种为特征提取。噪声剔除为剔除数据中的噪声来获取需要的点云数据；特征提取为直接在点云数据中提取需要的数据。对于矿区数据，由于其数据覆盖面积大、数据多、地表植物高低不等、噪声复杂等特点，剔除噪声来获取代表地面变化的数据工作量很大，最好的方法是特征提取。

要研究采煤对地表移动变形的影响，必须从点云数据中提取能代表地面起伏的数据；在这些点云数据中高程最低的点一定是激光打在地表的点。鉴于此，对点云数据可以采用以下两种方法进行处理，第一种是把点云数据划分成一定大小的矩形格网，提取每个格网中的最低点代表此处的地表；第二种是以最低点为基准设置合理的高程阈值，提取一定范围内的点云（图 4-10）。

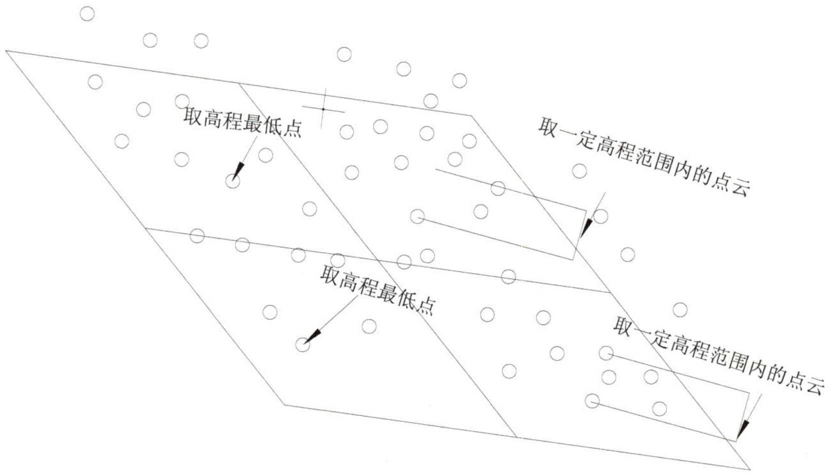

图 4-10 地表点提取模型

大量的点云数据经过上述处理后得到代表地表变化的下沉值；利用下沉值，根据矿区的地质采矿条件，采用概率积分模型和动态求参方法能得到矿区的沉陷参数。

参数求取：选取 1 组参数初值，然后利用整个盆地的扫描点数据进行求参，得到最终的开采沉陷参数。

根据峰峰矿区实际，选取的参数初值如下：下沉系数 q=0.78，主要影响角正切 $\tan\beta$=2.0，开采影响传播角 θ_0=84°，左拐点偏移距 S_1=25 m，右拐点偏移距 S_2=−20 m，上山拐点偏移距 S_3=0 m，下山拐点偏移距 S_4=−30 m。

利用地面三维激光扫描仪在 2009 年 11 月 8 日和 2010 年 3 月 10 日两次测得的点云数据，通过数据处理得到工作面在该时间段的下沉值，采用动态求参模型，得到该地质采矿条件下的实测参数：下沉系数 q=0.8，主要影响角正切 $\tan\beta$=1.9，开采影响传播角 θ_0=68°，左拐点偏移距 S_1=10 m，右拐点偏移距 S_2=−5 m，上山拐点偏移距 S_3=−10 m，下山拐点偏移距 S_4=−5 m。水平移动系数 b=0.3。实测值与拟合值对比见图 4-11。

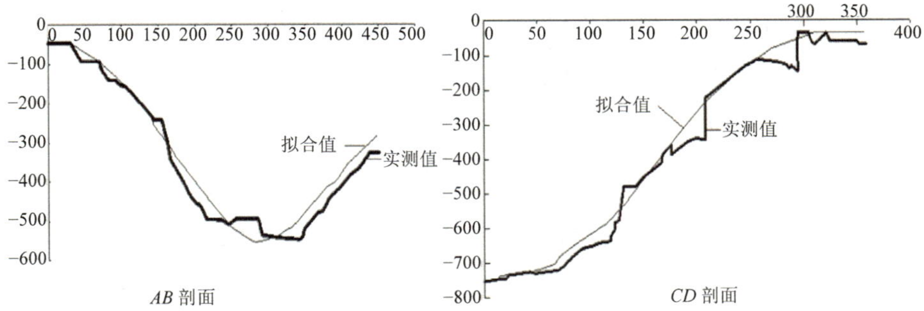

图 4-11　实测值与预测值对比

由图 4-11 分析可知，两个剖面拟合得很好：走向剖面（*AB*）拟合中误差值为 17.9 mm，占走向最大下沉值的 5.2%；倾向剖面（*CD*）拟合中误差值为 19.5 mm，占倾向最大下沉值的 6.2%。

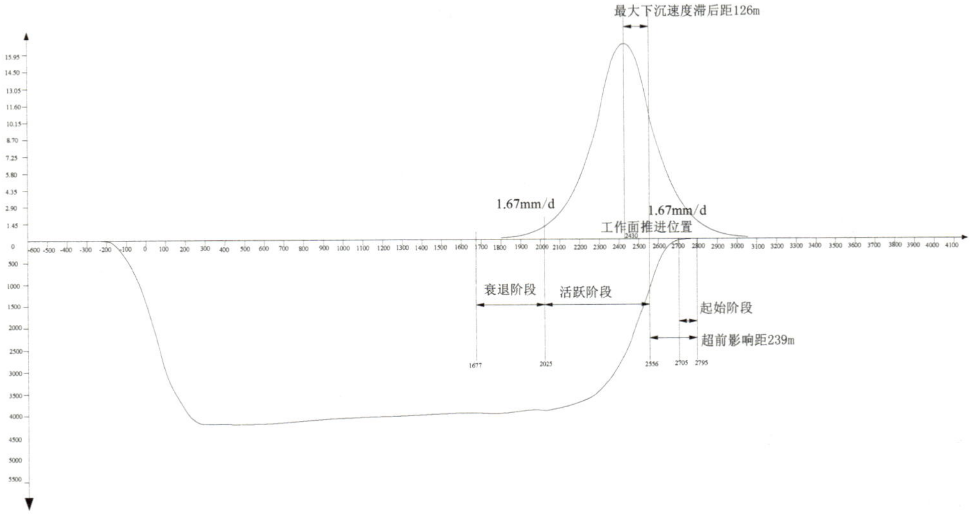

图 4-12　动态下沉曲线和下沉速度曲线

地表移动盆地的角量参数包括边界角和移动角，动态参数包括超前影响角、最大下沉速度滞后角及地表移动总持续时间（包括起始期、活跃期和衰退期）。由图 4-12 求得，最大下沉速度为 14.30 mm/d，最大下沉速度滞后距为 126 m，超前影响角为 66.5°，最大下沉速度滞后角为 77.1°，地表移动总持续时间=起始阶段 60 d+活跃阶段 454 d+衰退阶段 232 d=746 d。

b）峰峰矿区 C 矿

矿区位于河北省邯郸市，扫描点为 13266 工作面，该工作面东西两侧均为采空区，工作面上方有村庄和沟渠，工作面长 1 445 m，工作面宽 130 m，平均采深 580 m，地面平均标高 220 m，煤层平均厚度 3.8 m，平均开采速度 3 m/d，煤层倾角 23°。

由于该矿的地形变化较为显著，周边的村庄和凸起的高地都极大地影响了布站的范围，因此，在综合考虑了点云覆盖范围和观测便利条件之后，选择在工作面走向正上方较平坦区域多布设而受地形限制的倾向少布设的方法进行扫描站点的布设，C 矿的点云覆盖范围为 4.7 万 m^2。期间于 2009.12.08—2009.12.14、2010.01.27—2010.01.31、2010.03.10—2010.03.17 3 个时间段分别进行了 12 站扫描。

对 13266 工作面正上方区域分 3 个时间段进行了 12 次扫描，获取地表沉陷数据并进行数据处理，大量的点云数据经过上述处理后得到代表地表变化的下沉值；利用下沉值，根据矿区的地质采矿条件，采用概率积分模型和动态求参方法能得到矿区的沉陷参数。得到开采沉陷参数与实际参数，结果较为吻合。

c）兖州矿区 D 煤矿

矿区位于山东省济宁市，扫描地点为兖州矿区 D 煤矿 5305（2）工作面上方区域，地表起伏变化不大，有低矮的农作物及少量植被覆盖，该工作面长 2 400 m，工作面宽 108 m，平均采深 305 m，地面平均标高 45 m，煤层平均厚度 8.7 m，平均开采速度 5.23 m/d，煤层倾角 8°。

分别在 2008.01.31—2008.02.01 和 2008.02.13—2008.02.14 对工作面进行了 2 次扫描，获取了地表沉陷数据并进行数据处理，大量的点云数据经过上述处理后得到代表地表变化的下沉值；利用下沉值，根据矿区的地质采矿条件，采用概率积分模型和动态求参方法能得到矿区的沉陷参数。获取的参数已用于当地的开采沉陷预计及泗河河堤的治理，在泗河河堤治理过程中，验证了获得的参数的正确性，为河堤的治理提供了基础数据。

③ D-InSAR

以陕西 E 矿区为例，对 D-InSAR 的工作原理、影响获取、数据处理、结果分析等方面展开详细说明。

a）陕西 E 矿区

矿区概况：矿区位于陕西省咸阳市，地处渭北黄土高原塬梁沟壑区，地势由黄土塬梁向中间泾河谷地区域倾斜。矿区东西长 46 km，南北宽 36.5 km，主采煤层平均厚度为 10.65 m。区域内主要含（隔）水层为白垩系裂隙承压含水层、安定组隔水层等。

准备工作：研究选用瑞士的 Gamma 软件进行数据处理，软件包括了整个雷达处理过程的全功能模块：从 SAR 原始信号处理到 SLC 成像、单视/多视处理、基于雷达信号滤波、影像配准、DEM 提取（干涉处理）、形变分析（差分干涉、点目标干涉）、土地利用等，可以处理各类地面、航空及航天数据（Cosmos、Terra SAR、ERS-1/2、Envisat ASAR、JERS、Alos、Radar Sat-1/2 等）。

SAR 影像的选取：西部黄土覆盖矿区的开采沉陷具有沉陷时间长，沉陷量大，地面沉陷与地下开采一致性好，沉陷规律明显等特征，其形变往往在时间域上表现出较强的不连续性，通常可划分为蠕变阶段、活跃阶段和稳定阶段等。针对这种开采沉陷特点，可采用分阶段监测的方法。因此，选取不同时间段内的 SAR 影像进行差分处理，影像数据来源于日本的 ALOS（Advanced Land Observing Satellite），影像的选取采用 AUIG 软件。

DEM 数据的获取：采用美国宇航局的 SRTM 的 DEM 数据，研究区域在纬度 34°—36°，经度在 107°—109°，下载 N34E107.hgt.zip、N34E108.hgt.zip、N35E107.hgt.zip、N35E108.hgt.zip 四个经纬度方格数据，采用 Global Mapper 进行 DEM 的拼接。

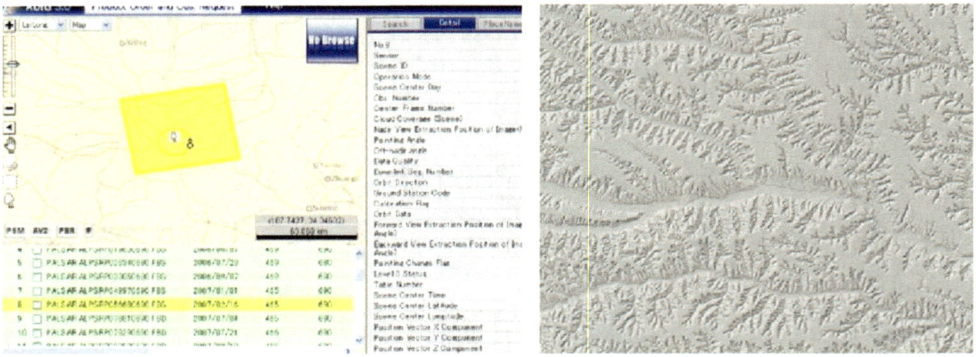

AUIG 选取影像　　　　研究区域 DEM 数据

图 4-13　SAR 影像和 DEM 数据的获取

SLC 影像的转换：在进行干涉处理前，需采用 SAR 成像算法，对原始数据做成像处理生成 SLC 影像。其作用是实现距离向和方位向的二维成像，并得到图中各点的相位信息。

研究的影像分别为 20070704.slc，20070819.slc，20071004.slc 三景影像。

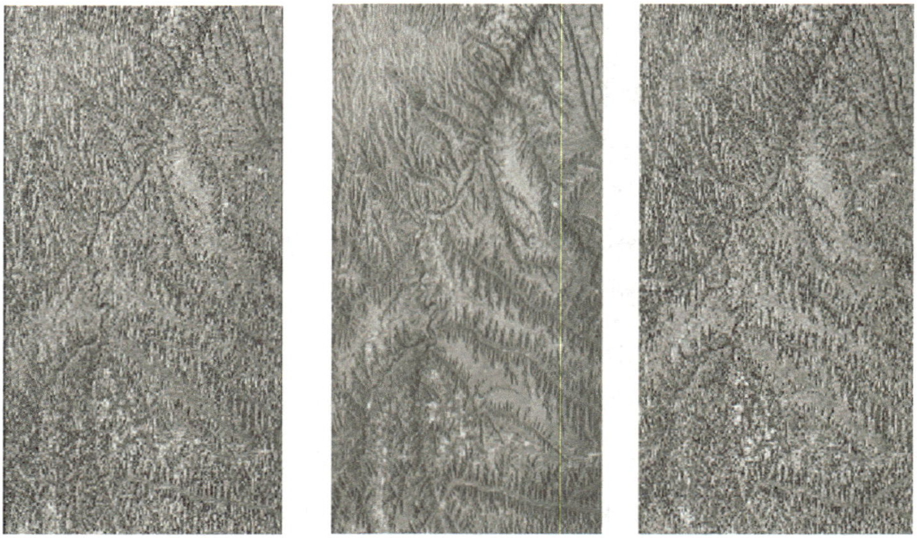

（a）20070704.slc　（b）20070819.slc　（c）20071004.slc

图 4-14　处理后的 SLC 影像

InSAR 数据处理：合成孔径雷达干涉处理的基本流程为从选取两幅相关性很好的 SLC 影像出发，经过影像配准、重采样、生成干涉图、SAR 图像与干涉图的滤波、去平地效应、相位解缠、地理编码到最后生成 DEM 与获取形变信息。

首先对获取的影像进行分析，三幅 SAR 影像的基线都满足干涉处理要求，因此将其两两组合成不同的干涉对，形成了 3 个干涉对进行数据处理（表 4-2）。

表 4-2　E 矿区 SAR 影像的干涉对

编号	主影像	辅影像	时间间隔/d	垂直基线/m
方案 1	20070704	20070819	46	67
方案 2	20070819	20071004	45	195
方案 3	20070704	20071004	91	262

结果分析：对方案 1、方案 2、方案 3 分别进行结果分析。

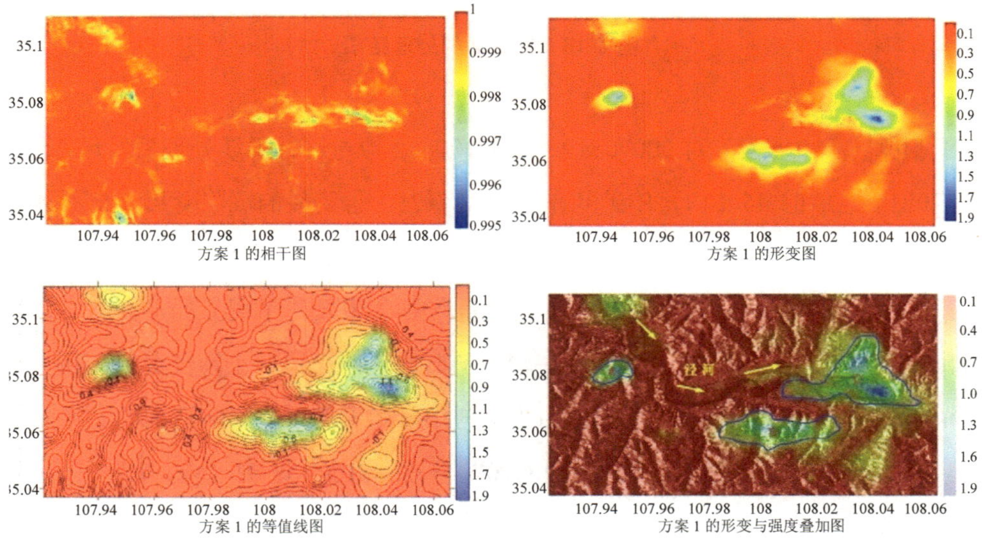

图 4-15　方案 1 的处理结果

根据方案 1 设计，对 20070704—20070819 影像对进行干涉，监测到在短短的 46 d 内，研究区域地面发生了明显的沉陷，沉陷区域主要分布在泾河两侧的 A、B 和 C 3 个区域内，根据图 4-15 可知，上述 3 个区域处于 E 矿区范围内。

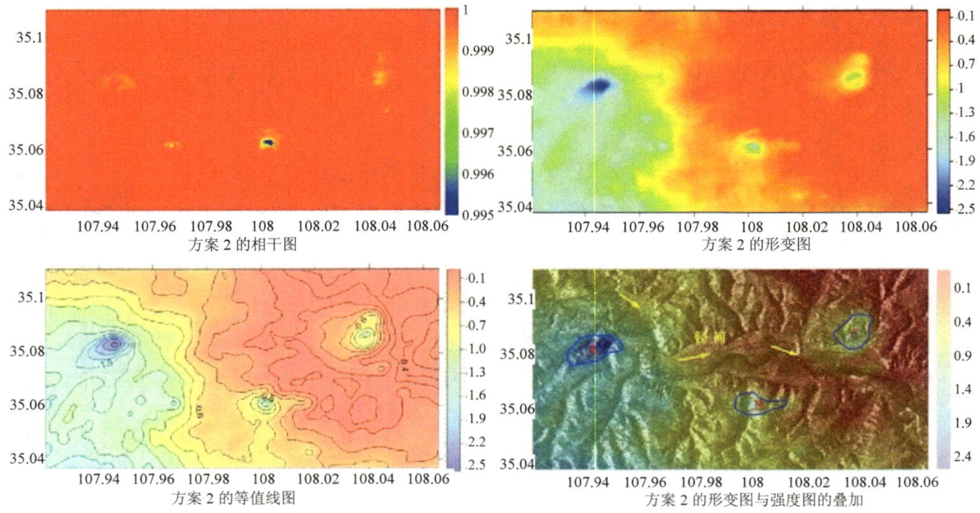

图 4-16　方案 2 的处理结果

根据方案 2 设计，对 20070819—20071004 影像对进行干涉处理后发现，在继 20070819 之后的 45 d 内，E 矿区在 3 个区域发生了明显的沉陷变形，将图 4-16 叠加图的形变信息大概分为红、黄、蓝 3 个区域，红色区域代表没有发生形变，黄色区域表示发生了很微小的形变，蓝色区域则代表发生了明显的形变。A 点附近出现大范围的蓝色区域，实际上在较短的时间内研究区域出现如此大范围的开采沉陷变形是不太可能的，可能是由于轨道误差和大气误差影响造成的。

从方案 3 的叠加图上可知，在 20070704—20071004 这 91 d 内，E 矿区在 A、B 和 C 3 个区域均发生了明显的沉陷变形。方案 3 的实验结果也是对方案 1 和方案 2 两次实验结果的验证。3 个方案实验结果均显示，在 2007 年 7 月 4 日—8 月 19 日，以及 8 月 19 日—10 月 4 日，E 矿区的 A、B、C 3 个区域内都发生了明显的形变。其中 8 月 19 日—10 月 4 日的（方案 2）这段时间内，形变区域的范围比

7 月 4 日—8 月 19 日（方案 1）要小一些，这说明该时间段内开采沉陷的变形增量小于前一个时间段，反映了开采沉陷变形的阶段性特征。

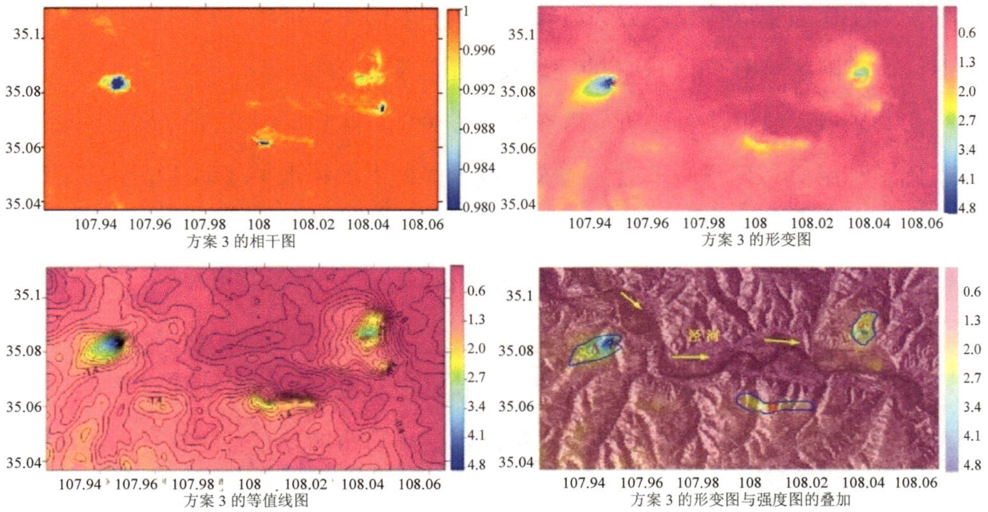

图 4-17　方案 3 的处理结果

方案 3 是将方案 1 和方案 2 两个观测时段合并为一个时段进行差分干涉分析，所获得的沉陷区域与前两次基本相同，一方面验证了前两次处理结果的可靠性；另一方面也说明将时间基线适当增大后，所选定的干涉像对同样可以取得较好的差分干涉结果。在不考虑 D-InSAR 误差影响的情况下，方案 3 的结果即是方案 1 和方案 2 形变的叠加结果。

结果验证：3 个实验方案的结果一致显示，在 SAR 影像监测时段内，E 矿区在相同的 A、B、C 3 个区域内发生了沉陷变形，沉降区 A 位于 F 煤矿井田范围，处在 F 煤矿工业广场附近；沉降区 B 位于泾河南边及 F 井田东边的下沟煤矿，而沉降区 C 则位于泾河北侧的官牌井田范围内。

在 2007 年 7 月 10 日之前的 8 个月内，F 煤矿 40301 工作面开采地表最大下沉量达到 2.20 m，最大沉陷位置坐标为（N35°04′9″，E107°56′7″），该最大沉陷位置在 D-InSAR 干涉处理结果的形变图中恰好处于 A 区域的中央附近，这验证了

D-InSAR 干涉处理结果中的沉陷区域 A 就是 F 煤矿开采 40301 工作面引起的地面沉降区。通过实地调研发现，在实验时间段内，下沟煤矿和官牌井田都在进行正常的长壁工作面采煤作业，势必造成采动影响区的地表沉陷变形。由于收集的资料有限，沉陷区域 B 和区域 C 的确切实地位置未能确定。

参数求取：通过地表移动实测资料反演参数，以 E 矿区 F 煤矿 40301 工作面为基础，利用概率积分曲线拟合法求参数，根据下沉和水平移动的拟合结果综合确定，得到走向方向的概率积分法的预计参数为 w_0=5 177.4 mm，r =202.189 m，b =0.264 0，q =w_0/mcosa=0.648 1，s =47.75 m。

b）淮南矿区

该矿区位于安徽省中北部，横跨淮南和阜阳两市。矿区内地形以平原为主，间杂有丘陵分布。淮河由西而东贯穿矿区，在淮河两侧分布有河谷平原，地势低平。境内地下水资源丰富，降水量适中，无霜期长，适宜于多种粮食作物的种植和植被生长，植被覆盖较为密集。淮南矿区经过多年开采，地表出现了不同程度的沉降。

将淮河以北从潘一矿到谢桥矿的煤矿区作为沉陷监测研究的范围。收集了矿区的三景 ALOS PALSAR Level 1.0 CEOS 格式（2007.1/2007.12/2008.1）的 SAR 影像数据，利用两轨法差分干涉测量的方法对淮南矿区特定时间段内的地面沉降信息进行监测。将提取的地面沉降信息图与淮南矿区各矿的井田边界相叠加，得到各个矿地面沉降值的分析结果。结果表明，D-InSAR 技术监测方法监测到的沉陷信息可以反映淮南矿区实际沉陷状况，具有较好的应用效果。

c）钱营孜矿区

矿区位于安徽省宿州市西南，淮北煤田的南部，含煤岩系沉积环境稳定，地层厚度、煤层间距、煤层厚度都具有一定的稳定性。采区浅部基岩风化带岩芯不完整，断层带岩石破碎，均属软弱结构面。

依据钱营孜煤矿的地理环境、开采状况和收集到的一些矿区资料，以及开采前后两幅 SAR 影像和该地区的 DEM 数据，采用两轨法差分干涉测量技术对钱营孜矿区进行开采沉陷监测。在完成 D-InSAR 地面沉陷监测后，制作钱营孜煤矿的沉陷等值线图，获得钱营孜煤矿由于开采沉陷引起的地面沉陷信息，并将试验中获取的地表沉陷量与相同时期地面监测站监测到的形变量进行对比分析，则 D-InSAR 监测结果的最小误差为 1 mm，最大误差为 27 mm，并且绝大部分点误差保持在 10 mm 以内。完成试验研究后，在钱营孜煤矿进行了实地考察，D-InSAR 方法监测到沉陷信息与矿区观测到的沉降量相符合，表明该方法在钱营孜矿区进行沉降监测可行。

同时，在能够保证准确度的情况下，D-InSAR 还具有以下优势：常规监测方法监测到的是点位的沉降信息，而 D-InSAR 沉降监测方法可以得到整个面上的沉陷量，具备空间上的优势；无须布设控制点，使用 D-InSAR 监测方法与常规方法相比具备时间上的优势；另外，D-InSAR 技术节省了大量的人力资源并且更为经济。

利用 D-InSAR 技术提取了钱营孜矿区开采区（3212 工作面）的沉陷信息，在将监测沉陷量与同时期矿区地面监测站监测的结果进行比较后，发现两者相一致。结果表明，该技术在钱营孜矿区所代表的我国平原地带矿区进行地面沉陷监测是可行的。

（5）推荐方法小结

黄淮高潜水位平原区主要生态影响特征是沉陷积水，无法埋桩布点，因此，传统的水准测量、全站仪三角高程测量和 GPS 测量不适用于此区域，可采用三维激光扫描和 D-InSAR 等高新技术进行监测。

三维激光扫描作为新兴监测技术，目前仅在黄淮高潜水位平原区煤矿开展了应用研究。D-InSAR 技术已在中西部黄土丘陵沟壑区和黄淮高潜水位平原区开展了应用研究。这两项监测技术都具有普适性，可以在六大区开展推广应用。井工煤矿地表沉陷调查推荐方法如图 4-18 所示。

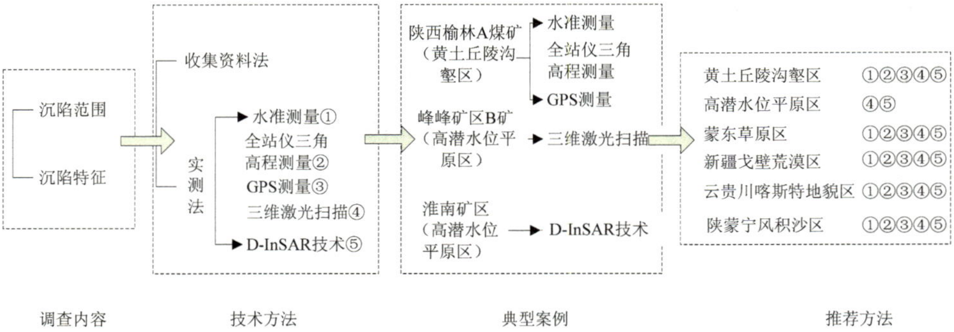

图 4-18　地表沉陷调查推荐方法

4.1.1.2　土壤环境调查方法

土壤环境是构成生态系统的基本环境要素，是人类赖以生存的物质基础，也是经济社会发展不可或缺的重要资源。煤炭资源开发造成的地面塌陷是煤矿开采区最严重的生态环境问题之一，地面塌陷又会对土壤的物理化学性质产生巨大的影响。

煤炭资源的长期开采在开采区积累了大量的土壤污染物，主要包括重金属、非重金属无机污染物、有机污染物、放射性物质等，其主要来源为煤炭开采产生的固体废物、煤灰等。煤矸石堆是有机污染物的主要来源，其主要成分是有机有害多环芳烃，能对矿区和其周围生态环境产生巨大的影响。《全国土壤污染状况调查公报》结果显示：在调查的 70 个矿区的 1 672 个土壤点位中，超标点位占 33.4%，主要污染物为镉、铅、砷和多环芳烃。

煤炭开采环境影响后评价重点调查土壤退化（包括土壤肥力、土壤荒漠化、沙漠化、盐渍化等）及重金属污染情况。目前，较常用的土壤环境质量调查方法为收集资料法、实测法和高光谱遥感（表 4-3）。

表 4-3　土壤环境质量调查方法一览表

调查方法	方法说明	适用性
收集资料法	土壤背景值数据可来源于当地农业部门土壤肥力普查或测土配肥项目的监测数据或全国土壤环境普查数据，需要注意数据测试样点与评价区域土壤质量的可比性；井工开采沉陷区及露天矿排土场土壤数据可来源于矿方委托监测数据以及有关科研项目监测数据	适用于已有土壤质量监测数据的井工开采沉陷耕地区或露天矿排土场，以及土壤背景值数据的获取
实测法	该方法的关键在于土壤监测样地与样点布置的代表性。对于露天矿排土场在同一时间点内存在不同复垦演替阶段的土壤，在样地布置中采用时空替代法，分别选择不同复垦时间、不同复垦模式的典型样地布置监测样点。井工矿则选取不同破坏程度的样地进行调查，分析在不同破坏程度下土壤环境质量的变化	该方法具有广泛的适用性
高光谱遥感	传统的多光谱遥感技术难以区别中度盐渍化和轻度盐渍化的土壤，而高光谱传感器能够获取盐渍土的连续光谱信息，具有更为精细的、纳米级的光谱分辨率，能够反映盐渍土细微的光谱特征，是当前监测土壤盐渍化的先进方法	该方法适用于重金属污染或盐渍化严重的矿区

收集资料法和实测法具有普适性，在六大区均可开展应用。内蒙古草原区评价重点包含土壤盐渍化，因此适用于高光谱遥感法。

4.1.1.3　景观影响调查

煤炭项目生态环境影响调查重点突出评价范围内土地利用现状、植被类型分布现状、植被覆盖度、植物生物量、水土流失现状等内容，调查方法采用《环境影响评价技术导则　生态影响》（HJ 19—2011）、《环境影响评价技术导则　煤炭采选工程》（HJ 619—2011）和《建设项目竣工环境保护验收技术规范　煤炭采选》（HJ 672—2013）中推荐的调查方法，本书推荐方法主要为收集资料法、样方调查法、“3S”技术法、地面监测与调查监测（表 4-4）。

（1）收集资料法

收集资料法作为生态环境影响调查的基本方法，主要从农、林、牧、渔、环保等部门收集现有能反映区域生态背景的资料，也可收集项目水土保持、土地复垦等相关资料。

（2）样方调查法

样方调查法是植被调查常用的方法，布点基本原则为典型性与代表性，调查时间可根据植物生活特性选择，样方大小根据草本、灌木与乔木分别不小于 1 m^2、10 m^2、100 m^2。尤其适用于在环境影响评价中已做过样方调查的后评价项目，可采用前后对比法进行评价。

井工煤矿非积水区植物群落变化主要表现在植被覆盖度，而群落构成以及群落多样性变化较小；露天煤矿排土场植被表现为人工再造植被，该植被生态系统在其演替过程中存在动态平衡过程、外来物种入侵过程等，同时受土壤种子库影响，与原植被群落构成存在质的变化。因此，井工煤矿非积水区群落调查的重点是植被覆盖度，露天矿生态要素调查的重点是植物群落构成及多样性。

（3）“3S”技术

“3S”技术具有广泛的适用性，尤其适用于区域范围较大或主导生态因子的空间等级尺度较大的区域，需辅助必要的现场踏勘工作。通过“3S”技术，可获取区域土地利用/覆被信息，调查影像数据宜采用高分辨率卫星影像数据或航空遥感数据，无高分辨率遥感数据可采用中分辨率卫星影像数据，影像获取时间为当地具有代表性的季节。“3S”技术所依据的历史库存影像资料较为丰富，可再现煤矿项目评价区不同时期生态特征，便于分析煤炭项目运行产生的生态环境影响。

与样方调查重点基本相同，井工煤矿非积水区群落调查的重点是植被覆盖度，露天矿生态要素调查重点是植物群落构成及多样性，井工煤矿积水区（黄淮高潜水位平原区）生态环境调查重点是积水区位置、面积及土地利用结构的变化。

（4）地面监测与调查监测

煤矿开采水土流失的调查主要采用收集资料法和实测法，根据《水土保持监测技术规程》（SL 277—2002）的规定，本书推荐水土流失的实测法主要为地面监测和调查监测。在防治责任区范围内，水土流失影响较小的地段，可进行调查监测；水土流失影响较大的地段，应进行地面监测。

表 4-4　景观影响调查方法一览表

调查方法	方法说明	适用性
收集资料法	从农、林、牧、渔和环保等部门收集区域生态背景资料，主要包括：①自然环境基本资料——气象气候、地表水系、水文地质、土壤植被等；②有关资源和生态方面的资料——土地利用现状及有关图件，土壤类型及其分布，植物区系、主要物种及其分布，动物群落及其分布等；③政府关于对自然资源、自然保护区、珍稀濒危物种保护的规划等	①适用范围广、收效大、较节省人力物力和时间，局限性是只能获得第二手资料，往往不全面，需要补充； ②对六大区均适用
样方调查法	首先根据群落类型选择样地，在样地内根据植株的大小和密度确定样方的数量，应尽可能包括群落中的大多数物种。可以采用系统排列或随机的方式设置样方。布点基本原则为典型性与代表性，调查时间可根据植物生活特性选择，样方大小根据草本、灌木与乔木分别不小于 1 m^2、10 m^2、100 m^2。 井工煤矿非积水区群落调查的重点是植被覆盖度，露天矿生态要素调查的重点是植物群落构成及多样性	①对于在环境影响评价中做过生态样方调查的项目，在后评价阶段也采用样方调查，采用前后对比法进行后评价。对于无开采前样方调查数据的项目，可选择井田内或周边生态现在可比区域进行背景调查； ②对六大区均适用
“3S”技术	“3S”技术以多光谱、多时相遥感（RS）数据为基础，GIS 为多种来源海量时空数据综合处理、动态存取、集成管理及建模和模拟、分析等提供了主要手段，而 GPS 为遥感数据的校正等提供了可靠的方法。运用“3S”技术，采用项目开发前、开发过程中、评价时段等多期遥感影像卫片进行解译来开展煤矿项目累积生态影响评价，分析和评价其生态影响，具有良好的适用性	①适用于煤矿等区域景观或更大尺度上的生态影响后评价中； ②对六大区均适用

调查方法	方法说明	适用性
地面监测与调查监测	地面监测是获取水土流失强度、程度数据的主要方法。在各区段内对不同水土流失类型区选取若干个重点监测地段，并在重点地段选取若干定位（固定）监测点；每个重点地段在固定观测点附近布设临时监测点。根据监测规程，监测实施单位的监测区域每种侵蚀地貌类型均必须布设固定观测点。观测点的选取必须符合监测技术规程的要求。 对主要水土流失因子、区段水土保持防治效益和基本状况主要采用调查监测方法获取数据。在水土流失严重地段调查一般采用全线实地勘测。在交通不便的地段可以采用抽样调查和典型地勘测。其他地段可以结合抽样、典型调查、普查和资料收集分析。调查监测必须集合水土保持方案、相关设计文件对监测区域的地貌、地形、水系、土壤、植被、土地利用、工程扰动、防护工程建设等各方面情况进行全面调查和相应的量测，获取主要水土流失因子变化和水土保持防治效益的数据	对六大区均适用

4.1.1.4 后评价典型案例——两淮 G 煤矿

两淮 G 煤矿为两淮煤炭基地淮南新集矿区的特大型井田，矿井井型及配套选煤厂设计规模均为 300 万 t/a。2003 年正式开工建设，2007 年 3 月完成竣工环境保护验收。2016 年 12 月开展环境影响后评价。

评价区位于淮河北岸冲积平原区，地势平坦，以农田生态系统为主，植被类型以人工植被为主，植物种类均为当地广泛分布的常见物种，未见国家级和省级保护的珍稀野生植物分布的记录。当地野生动物种类较少，多为田间野生动物，未见国家级和省级保护的濒危野生动物分布的记录。土壤类型主要为黄白土和砂礓黑土，土壤侵蚀以水蚀为主，土壤侵蚀范围较小，土壤侵蚀模数为 200 km^2/a，属微度侵蚀。农业开发历史悠久，农田生态系统基本稳定，土地利用以农田为主，大部分为基本农田，基本农田占耕地面积的 95%，主要农作物是小麦、玉米、大豆、油菜等，农作物单产较低。

（1）评价区域植被变化影响

本次评价利用开采前后三期遥感影像信息，对评价区域的生态类型变化进行分析评价，具体利用的遥感影像信息见表 4-5，解译后评价区生态类型变化面积统计见表 4-6 和表 4-7。

表 4-5　遥感影像信息一览表

卫星名称	空间分辨率/m	拍摄时间
SPOT	10	2005 年 11 月 20 日
SPOT	10	2012 年 2 月 2 日
资源三号	5.8	2017 年 3 月 10 日

表 4-6　评价区域生态类型变化面积统计

生态类型	2005 年		2012 年		变化	
	面积/hm^2	百分比/%	面积/hm^2	百分比/%	面积/hm^2	百分比/%
农业用地	13 963.94	74.88	13 737.17	73.66	−226.77	−1.22
农村建设用地	2 507.78	13.45	2 432.08	13.04	−75.70	−0.41
采矿用地	350.62	1.88	350.62	1.88	0	0
城镇建设用地	639.80	3.43	639.80	3.43	0	0
其他建设用地	46.63	0.25	45.49	0.24	−1.14	−0.01
交通用地	821.46	4.40	799.52	4.29	−21.94	−0.12
水体	284.73	1.53	611.10	3.28	+326.37	+1.75
其他用地	33.57	0.18	32.75	0.18	−0.82	0
总计	18 648.53	100.00	18 648.53	100.00	0	0

表 4-7 评价区域生态类型变化面积统计

生态类型	2005 年		2017 年		变化	
	面积/hm^2	百分比/%	面积/hm^2	百分比/%	面积/hm^2	百分比/%
农业用地	13 963.94	74.88	13 051.54	69.99	−912.40	−4.89
农村建设用地	2 507.78	13.45	2 333.36	12.51	−174.42	−0.94
采矿用地	350.62	1.88	350.62	1.88	0	0
城镇建设用地	639.80	3.43	639.80	3.43	0	0
其他建设用地	46.63	0.25	43.92	0.24	−2.71	−0.01
交通用地	821.46	4.40	770.89	4.13	−50.57	−0.27
水体	284.73	1.53	1 426.78	7.65	+1 142.05	+6.12
其他用地	33.57	0.18	31.62	0.17	−1.95	−0.01
总计	18 648.53	100.00	18 648.53	100.00	0	0

2005 年煤矿未建成投产前和 2017 年煤矿投入运行 9.5 年后，现有开采区植被均以农业用地为主，现有开采区的积水区中原农业用地、林业用地全部消失，取而代之的是水域。总体上生态类型发生了明显变化，生态类型总变化面积为 912.40 hm^2，主要是农用地植被的减少，水体增加了 1 142.05 hm^2。除此之外，生态类型没有发生变化。

从煤矿运行前后各生态类型分布和面积变化分析，评价区域内有 10.83 km^2 的植被已经发生明显变化，主要变化是以农业植被为主的区域转化为水域，原有的农业植被、林地、村落和道路全部消失。未开采区域植被类型没有发生变化，仍以农田植被为主。评价区植被类型变化为 0%。

（2）开采沉陷对土地利用的影响回顾

现有已开采区 2005 年、2012 年和 2017 年土地利用类型分布情况见表 4-8 和表 4-9。

表 4-8 评价区土地利用类型面积变化对比

土地类型		2005 年		2012 年		变化	
		面积/hm^2	百分比/%	面积/hm^2	百分比/%	面积/hm^2	百分比/%
农业用地		13 963.94	74.88	13 737.17	73.66	−226.77	−1.22
建设用地	建制镇	639.80	3.43	639.80	3.43	0	0
	农村居民点用地	2 507.78	13.45	2 432.08	13.04	−75.70	−0.41
	采矿用地	350.62	1.88	350.62	1.88	0	0
	其他	46.63	0.25	45.49	0.24	−1.14	−0.01
	小计	3 544.83	19.01	3 467.99	18.59	−76.84	−0.42
交通用地		821.46	4.40	799.52	4.29	−21.94	−0.12
水域及水利设施用地		284.73	1.53	611.10	3.28	+326.37	+1.75
其他土地		33.57	0.18	32.75	0.18	−0.82	0
合计		18 648.53	100.00	18 648.53	100.00	0	0

表 4-9 评价区土地利用类型面积变化对比

土地类型		2005 年		2017 年		变化	
		面积/hm^2	百分比/%	面积/hm^2	百分比/%	面积/hm^2	百分比/%
农业用地		13 963.94	74.88	13 051.54	69.99	−912.40	−4.89
建设用地	建制镇	639.80	3.43	639.80	3.43	0	0
	农村居民点用地	2 507.78	13.45	2 333.36	12.51	−174.42	−0.94
	采矿用地	350.62	1.88	350.62	1.88	0	0
	其他	46.63	0.25	43.92	0.24	−2.71	−0.01
	小计	3 544.83	19.01	3 367.7	18.06	−177.13	−0.95
交通用地		821.46	4.40	770.89	4.13	−50.57	−0.27
水域及水利设施用地		284.73	1.53	1 426.78	7.65	+1 142.05	+6.12
其他土地		33.57	0.18	31.62	0.17	−1.95	−0.01
合计		18 648.53	100.00	18 648.53	100.00	0	0

2005 年评价区的土地利用类型分布面积从大到小依次为农用地、建设用地、交通用地、水域及水利设施用地和其他用地。

2012 年评价区的土地利用类型分布面积从大到小依次为农用地、建设用地、交通用地、水域及水利设施用地和其他用地。土地利用变化小。

2017 年评价区的土地利用类型分布面积从大到小依次为农用地、建设用地、水域及水利设施用地、交通用地和其他用地。土地利用变化相对较小。

2017 年与 2005 年评价区的土地利用类型分布情况相比：农用地少了 912.40 hm^2，农村居民点用地减少了 174.42 hm^2，交通用地减少了 50.57 hm^2，水域增加了 1 142.05 hm^2，其他用地减少了 1.95 hm^2。

2005—2017 年 G 煤矿地表塌陷面积为 20.35 km^2，其中积水面积为 10.83 km^2，土地利用类型变化主要是地表塌陷积水区的土地利用类型发生了明显变化，原有的农用地、建设用地、交通用地和其他用地全部转化水域，水域面积增加 9.769 7 km^2，塌陷影响的非积水区土地利用类型基本上没有发生变化，农用地的利用一直延伸到塌陷区的边缘。农村居民点用地，虽然村民已经搬迁，但基地仍然存在，道路、沟渠仍然保存完好，基本上没有受到影响。

总体来看，本项目采煤地表沉陷对土地利用类型产生了一定影响，但就目前来说影响相对较小，仅占评价区总面积的 7.51%。

（3）开采沉陷对土壤侵蚀的影响回顾

安徽省土壤侵蚀类型分布图中可以看出，G 矿井田区域土壤侵蚀类型为微度侵蚀。2005—2017 年基本上没有发生变化。

评价区土壤水力侵蚀面积为 186.50 km^2，均为微度水力侵蚀，根据现场调查水力变化面积为 20.35 km^2，其中 10.83 km^2 转化为塌陷积水区，不产生水力侵蚀，塌陷非积水区水土流失略有增强，但由于农田一直耕种到积水塌陷区边缘，因此，总体来说采煤沉陷对土壤侵蚀影响尚不明显。现有开采区土壤侵蚀类型变化面积统计结果见表 4-10。

表 4-10　现有开采区土壤侵蚀类型变化面积统计

土壤侵蚀类型变化方式		面积/km^2	主要变化区域及原因
减弱	微度水力侵蚀减弱	10.83	塌陷积水区
增强	微度水力稍有增强	9.52	位于沉陷区边缘
合计		20.35	

（4）土壤质量影响回顾

G 煤矿及选煤厂建设项目属地下煤炭资源开采和加工项目，其对土壤环境的影响主要发生在临时矸石堆场处。本次 G 煤矿及选煤厂建设工程环境影响后评价工作，委托监测单位对矸石堆场附近的农田进行了土壤质量监测（表 4-11）。监测结果表明，临时矸石堆场处附近农田的土壤环境质量，能够达到《土壤环境质量标准》（GB 15618—1995）二级标准要求，煤矿生产没有对当地土壤环境产生污染影响。从 1993 年土壤质量背景值监测结果（表 4-12）可以看出，与本次评价毛小庄土壤监测结果进行比较，土壤中的 pH、铜、镉和砷有所下降，铅、锌、汞和铬有所上升，但仍然满足《土壤环境质量标准》（GB 15618—1995）二级标准要求。

表 4-11　土壤环境质量现状监测结果　　单位：mg/kg

监测日期	监测点位	pH	铜	铅	锌	镉	总铬	总汞	总砷	镍
2017.02.28	1#贺庄	6.52	32.2	37.1	115	0.11	78.6	0.102	2.37	29.3
	2#毛小庄	6.67	18.6	31.8	163	0.09	62.2	0.045	1.13	22.7
土壤二级标准值（旱地）		6.5～7.5	100	300	250	0.30	200	0.50	25	50

表 4-12　1993 年土壤背景值调查结果　　单位：mg/kg

采样点、土层 \ 污染因子			pH	Cu	Pb	Zn	Cd	Cr	Hg	As
1	毛小庄	A 层	7.74	21.32	30.31	52.84	0.128	59.84	0.052	12.28
		C 层	8.06	31.32	37.52	43.46	0.082	62.84	0.062	11.32
2	董　庄	A 层	8.06	15.62	24.47	35.47	0.068	61.57	0.074	7.56
		C 层	7.24	21.41	27.63	46.80	0.101	79.06	0.024	10.45
3	张　庙	A 层	6.41	15.47	20.79	34.67	0.096	47.16	0.044	7.32
		C 层	7.84	23.28	26.05	48.35	0.032	71.11	0.030	10.68
4	汤　庄	A 层	6.16	16.88	24.74	35.47	0.095	59.26	0.100	11.85
		C 层	7.18	21.41	25.79	52.72	0.138	60.49	0.043	11.32
平均值		A 层	7.09	17.32	25.08	39.61	0.10	57.00	0.07	9.75
		C 层	7.58	24.36	29.25	47.83	0.09	68.38	0.04	10.94
土壤二级标准值（旱地）			6.5～7.5	100	300	250	0.30	200	0.50	25
土壤二级标准值（旱地）			＞7.5	100	350	300	0.60	250	1.0	20

注：表中“A 层”为淋溶层；“C 层”为母质层。

根据现有采煤地表塌陷调查分析可知，G 煤矿自投产至 2016 年 12 月，累计形成地表沉陷区 20.35 km^2，计算地表最大下沉值 11.80 m，其中，东二采区最大积水深度为 9.30 m，塌陷区内居民在井下采煤前实施了全部搬迁。对比分析 2006 年煤矿开采前和 2016 年煤矿开采后（截至 2016 年 12 月）井田区域遥感图和现场调查成果，煤矿开采对井田区域的生态影响特征为由陆生生态转化为水生生态。也就是说在煤矿现有的开采区范围内，原有的陆地村落生态环境、农田生态植被环境、纵横交错的农灌沟渠环境和农村生产道路网环境，以及村旁、水旁、路旁的植被全部消失，取而代之的是大片的水域，尤其是东一采区和东二采区形成连片的大面积的水域，连片水域面积最大的已经达到 6.11 km^2。井田未开采区的生态环境与开采前基本上没有发生变化，仍然以农业生态环境和村落生态环境为主，纵横交错的农灌沟渠环境和农村生产道路网也未受到影响，地形地貌也未发生变化。

4.1.1.5　调查方法验证

通过总结中西部黄土丘陵沟壑区、黄淮高潜水位平原区、蒙东草原区、新疆戈壁荒漠区、云贵川喀斯特地貌区、陕蒙宁风积沙区六大区现有煤炭开采环境影响报告、验收报告和规划环评报告中采用的生态环境调查方法发现，本书推荐的调查方法在六大区已普遍应用（表 4-13）。

表 4-13　典型案例的生态环境调查方法总结

分区		调查方法		
		植被调查	土地利用调查	土壤环境调查/土壤侵蚀
中西部黄土丘陵沟壑区	晋煤郑庄矿井	收集资料、样方调查	“3S”技术、实地调查	收集资料/遥感解译
	高家塔矿井	收集资料、“3S”技术	“3S”技术、实地调查	收集资料/遥感解译
	梁家碛露天矿	“3S”技术、实地调查	“3S”技术、实地调查	收集资料/遥感解译
	芦家窑矿井	“3S”技术	“3S”技术、实地调查	收集资料/遥感解译
	庞庞塔矿井	收集资料、样方调查	“3S”技术、实地调查	收集资料/遥感解译
黄淮高潜水位平原区	淮北矿区邹庄矿井	收集资料、实地调查	“3S”技术、实地调查	收集资料、实测法/遥感解译
	G 矿井	收集资料、实地调查	收集资料、实地调查	实测法
	峰峰集团红格尔矿井	“3S”技术、实地调查	收集资料、“3S”技术	收集资料/遥感解译

分区		调查方法		
		植被调查	土地利用调查	土壤环境调查/土壤侵蚀
蒙东草原区	胜利矿区	样方调查	“3S”技术	收集资料、实测法/遥感解译
	白音华三号	收集资料、样方调查	“3S”技术	收集资料/遥感解译
	伊敏河东矿区第一煤矿	“3S”技术、样方调查	“3S”技术	收集资料/遥感解译
新疆戈壁荒漠区	将军戈壁二号露天矿	样方调查、收集资料	“3S”技术、实地调查	收集资料、实测法/遥感解译
	明基白杨河矿井	“3S”技术、收集资料	“3S”技术	收集资料、实测法/遥感解译
	三塘湖矿区规划	“3S”技术、样方调查	收集资料、“3S”技术	收集资料/遥感解译
	准东煤炭基地规划	“3S”技术、收集资料	“3S”技术、实地调查	收集资料、实测法
云贵川喀斯特地貌区	筠连矿区船景煤矿	“3S”技术、收集资料	“3S”技术	收集资料
	盘县羊场坡煤矿	收集资料、样方调查	收集资料、实地调查	收集资料
陕蒙宁风积沙区	祁连塔矿井	“3S”技术、样方调查	“3S”技术、收集资料	收集资料/遥感解译
	榆神矿区规划	“3S”技术、收集资料	“3S”技术	收集资料/遥感解译

4.1.2 生态环境影响后评价方法

（1）生态环境影响后评价方法

生态环境影响后评价主要对煤炭开采过程中生态环境变化进行评价，应用定性与定量相结合的方法。主要方法有图形叠置法、景观生态学法、指数法与综合指数法、土地利用转移矩阵、对比分析法、高光谱分析法等（表 4-14）。

表 4-14　生态环境影响后评价方法一览表

评价方法	方法说明	适用性
图形叠置法	图形叠置法是把两个以上的生态信息叠合到一张图上，构成复合图，用以表示生态化的方向和程度。图形叠置法有两种基本制作手段：指标法和“3S”法。具体操作可参见《环境影响评价技术导则　生态影响》（HJ 19—2011）	（1）图形叠置法直观、形象，简单明了，但不能做精确的定量评价； （2）六大区的定性生态环境影响评价均可适用
景观生态学法	景观生态学法是通过研究某一区域、一定时段内的生态系统类群的格局、特点、综合资源状况等自然规律，以及人为干预下的演替趋势。通过空间结构分析和功能稳定性分析来实现。景观空间结构分析主要包括景观优势度和景观多样性指数的计算；景观功能和稳定性分析主要包括生物恢复力分析、异质性分析、种群源的持久性和可达性分析、景观组织的开放性分析	（1）该方法采用景观指数对煤矿生态环境现状质量进行可量化分析，削弱主观因素，结论客观； （2）六大区均可适用
指数法与综合指数法	指数法利用同度量因素的相对值来表明因素变化状况，包括单因子指数法和综合指数法。单因子指数法通过选定合适的评价标准，采集拟评价项目区的现状资料；综合指数法是从确定同度量因素出发，把不能直接对比的事物变成能够同度量的方法	（1）该方法适用于矿区开采前后生态质量变化评价； （2）六大区均可适用
土地利用转移矩阵	转移矩阵的应用主要是采用 GIS 技术对两期土地利用图进行叠置分析从而获得土地利用转移矩阵，研究两期之间各土地利用类型的转移变化情况，了解研究期初各类型土地的流失去向以及研究期末各类型土地的来源与构成，通常结合土地利用数量变化、程度变化、空间变化等指数进行分析	尤其适用于露天矿、井工煤矿积水区（黄淮高潜水位平原区）
对比分析法	对比分析开采前后，矿区生态环境变化情况。可结合遥感解译结果分析	六大区均适用
高光谱分析法	高光谱分析以高光谱影像为主要数据源，进行光谱反射率及其变换形式与土壤含盐量的相关性分析，并在土壤光谱分析基础上，筛选出盐渍化土壤响应最敏感波段，利用统计分析方法，建立土壤含盐量定量反演模型，定量反演土壤盐渍化状况	适用于盐渍化严重的矿区

图形叠置法、景观生态学法、指数法与综合指数法均为《环境影响评价技术导则 生态影响》（HJ 19—2011）的推荐方法，具有广泛的适用性。

土地利用转移矩阵可以直观地反映出区域土地利用变化的数量特征，以及各类型土地变化的方向。适用于露天煤矿和井工煤矿积水区（两淮）土地利用类型和结构评价。

高光谱分析法是利用反射光谱来预测土壤含盐量，可实现区域尺度上的土壤盐渍化评价。适用于土壤盐渍化严重（蒙东草原区）矿区。

（2）后评价典型案例

①伊敏露天矿后评价（转移矩阵法）

伊敏露天矿位于呼伦贝尔市鄂温克自治旗境内，本区位于大兴安岭西坡呼伦贝尔草原，海拉尔盆地东部，伊敏河中游地区，地貌景观以低山丘陵为主。本区处于大兴安岭西麓低山丘陵森林草原向呼伦贝尔高平原典型草原过渡地带，该露天矿于 1983 年开工建设，2000 年煤炭产量达到 500 万 t，2008 年达到 1 100 万 t，2011 年三期工程达产。

通过现状调查发现，虽然露天矿开采占用了大面积的草地，但在现状评价范围内草地仍是当地主要的土地利用类型；其次是湿地，主要分布在伊敏河两岸及污水库附近；由于近些年露天矿企业对周边的植树造林，使得周边林地面积成为当地第三大土地利用类型，林地树种主要是人工林地。

本次后评价生态环境影响回顾性分析利用 ERDAS 对 2010 年、2000 年、1990 年、1975 年 TM 30 m 分辨率的伊敏露天矿的卫星遥感数据进行解译，利用 ArcGIS 软件进行植被制图和数据统计，1975 年代表露天矿开采之前的生态环境状态，1990 年代表一期开采达到一定规模后的状况，2000 年代表一期达产后，2010 年代表后评价阶段。以各矿区外围边界为标准，向外扩 8 km 为解译范围，总评价范围 52 805.4 hm^2。

通过对 2010 年、2000 年、1990 年、1975 年卫星遥感数据的解译结果，可以看出本地区的土地利用类型有 9 类，各期土地利用类型解译结果见表 4-15，土地利用类型变化如图 4-19 所示。

表 4-15　历年土地利用类型变化分析

用地类型		1975 年	1990 年比 1975 年增减量	1990 年	2000 年比 1990 年增减量	2000 年	2010 年比 2000 年增减量	2010 年
林地	面积/hm^2	3 445.40	−567.60	2 877.80	+442.00	3 319.80	+873.40	4 193.20
	比例/%	6.52	−1.07	5.45	+0.84	6.29	+1.65	7.94
草地	面积/hm^2	46 463.10	−427.70	46 035.40	−1746.00	44 289.40	−4 669.80	39 619.60
	比例/%	87.99	−0.81	87.18	−3.31	83.87	−8.84	75.03
沙地	面积/hm^2	639.80	+60.00	699.80	+52.00	751.80	+38.20	790.00
	比例/%	1.21	+0.12	1.33	+0.09	1.42	+0.08	1.50
耕地	面积/hm^2	13.40	+206.70	220.10	+567.60	787.70	+930.60	1 718.30
	比例/%	0.03	+0.39	0.42	+1.07	1.49	+1.76	3.25
水域	面积/hm^2	1 495.30	−184.00	1 311.30	−575.60	735.70	+14.20	749.90
	比例/%	2.83	−0.35	2.48	−1.09	1.39	+0.03	1.42
居民点	面积/hm^2	293.60	+513.90	807.50	+690.20	1 497.70	+1 154.40	2 652.10
	比例/%	0.56	+0.97	1.53	+1.31	2.84	+2.18	5.02
工矿用地	面积/hm^2	0.30	+282.90	283.20	+726.50	1 009.70	+953.60	1 963.30
	比例/%	0	+0.54	0.54	+1.37	1.91	+1.81	3.72
裸地	面积/hm^2	0	+38.00	38.00	+12.30	50.30	+359.90	410.20
	比例/%	0	+0.07	0.07	+0.03	0.10	+0.68	0.78
盐碱地	面积/hm^2	454.10	+78.10	532.20	−169.00	363.20	+345.50	708.70
	比例/%	0.86	+0.15	1.00	−0.32	0.69	+0.65	1.34
合计	面积/hm^2	52 805.40		52 805.40		52 805.40		52 805.40

注：“−”为减少，“+”为增加，“0”为没有变化。

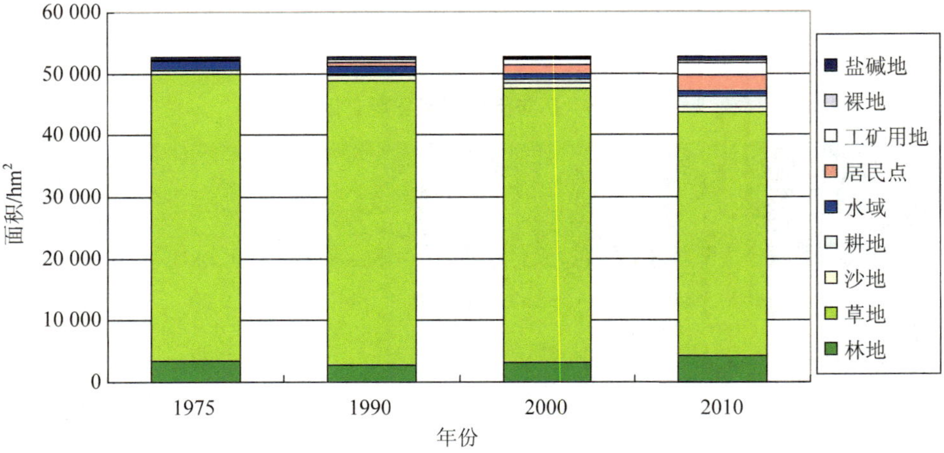

图 4-19 历年土地利用类型变化

a. 露天开采前至今评价范围的土地利用类型始终以草地为主，其他类型的土地利用面积很小，草地土地类型为原始土地类型，1975 年，露天矿未开采前评价范围内草地类型占总评价范围的 87.99%。

b. 1975—1990 年的 15 年，由于露天矿的开采占用大量的草地，草地面积有所减小，减少了 0.81%；另外，由于露天矿疏干水的大量外排，影响到周围湖泊水资源量减小，致使周边水域面积减少，1990 年水域面积减少了 0.35%；其他类型林地（主要是人工林地）、沙地、耕地、居民点、工矿用地、盐碱地都较 1975 年有所增加，其中林地面积增加了 4.8%，可见由于露天矿的开采，减少的草地面积部分通过植树造林转化为林地、部分开垦为耕地，另一部分转变为工矿用地。另外由于露天矿开采导致生态破坏，沙地面积有所增加。

c. 1990—2000 年的 10 年，草地面积、水域面积继续减少，较前 15 年减少程度增加，分别减少了 3.31%和 1.09%，可见由于这 10 年现代化采煤技术的发展和应用，开采强度加大，致使草地面积和水域面积加速减小。另外，盐碱地面积 2000 年较 1990 年有所减少，这可能是因为一部分盐碱地通过生态恢复治理转化为人工草地和其他土地类型。其他用地类型都有所增加，增加比例最大不超过

1.31%，为居民点用地，可见随着当地区域经济的发展，居民用地面积迅速增加。

d. 2000—2010 年的 10 年，草地面积继续减少，且减少程度较之前 10 年有所加强，减少了 8.84%，2010 年较 1975 年草地面积共减少了 6 843.5 hm^2；水域面积在这 10 年有所增加，增加了 0.03%，这可能是由于露天矿污水库蓄水面积不断增加所致。其他用地面积继续增加，其中增加面积最大的为居民点用地，增加了 2.18%，其次是工矿用地，增加了 1.81%，林地面积增加了 1.65%。另外，盐碱地面积有所增加，增加了 0.65%。可见最近 10 年，由于区域经济的快速发展，露天矿开采规模的继续扩大，致使周围土地利用类型变化较大。

通过对伊敏露天煤矿四期图像进行叠加分析，得到以下转移矩阵，如表 4-16～表 4-18 所示。

表 4-16　1975—1990 年伊敏露天煤矿土地利用转移矩阵　单位：hm^2

1975 年 \ 1990 年	耕地	林地	草地	工矿仓储用地	住宅用地	水域及水利设施用地	其他用地
耕地	—	0.000	0.000	0.000	0.000	0.000	0.000
林地	0.000	—	710.789	0.000	0.000	0.597	58.949
草地	206.731	127.514	—	275.287	602.073	39.494	179.788
工矿仓储用地	0.000	0.000	0.000	—	0.000	0.000	0.000
住宅用地	0.000	0.000	88.181	0.000	—	0.000	0.000
水域及水利设施用地	0.000	66.685	92.976	7.606	0.000	—	120.284
其他用地	0.000	8.555	111.200	0.000	0.000	63.451	—

如表 4-16 所示，自 1975 年开矿前至 1990 年，面积为 275.287 hm^2 的草地转变为工矿仓储用地；住宅用地面积增加了 602.073 hm^2，主要来自草地；草地和其他土地的相互转变主要表现在低湿地植被马蔺盐化草甸及盐碱地的相互转化，可以看出马蔺盐化草甸不断的盐碱化变成盐碱地的同时，盐碱地也不断地演化变成

马蔺盐化草甸；有 206.731 hm^2 的耕地来自草地；由于矿区周围湖泊在人为干扰下转变为裸地、盐碱地及低覆盖度草地，因此有 92.976 hm^2 的水域及水利设施用地转变为草地，有 120.284 hm^2 的水域及水利设施用地转变成了其他土地；有 7.606 hm^2 的水域及水利设施用地转变为工矿仓储用地。

表 4-17　1990—2000 年伊敏露天煤矿土地利用转移矩阵　　单位：hm^2

1990 年 \ 2000 年	耕地	林地	草地	工矿仓储用地	住宅用地	水域及水利设施用地	其他用地
耕地	—	53.602	62.233	0.000	29.736	0.000	3.640
林地	4.394	—	834.425	0.000	39.620	40.273	0.000
草地	704.38	1 010.815	—	756.564	672.802	48.526	233.926
工矿仓储用地	0.000	0.000	47.104	—	0.000	0.000	0.000
住宅用地	6.606	1.695	51.721	2.406	—	0.000	10.172
水域及水利设施用地	1.403	294.104	341.101	5.711	15.36	—	19.183
其他用地	0.000	0.494	344.431	8.992	5.345	12.441	—

如表 4-17 所示，1990—2000 年两期数据叠加分析结果表明，这 10 年共有 773.673 hm^2 的土地转变为工矿仓储用地，分别来自 756.564 hm^2 的草地、5.711 hm^2 的水域、8.992 hm^2 的盐碱地和 2.406 hm^2 的住宅用地；共有 762.86 hm^2 的土地转变为住宅用地，分别来自 672.802 hm^2 的草地、15.36 hm^2 的水域、29.736 hm^2 的耕地、39.620 hm^2 的林地和 5.345 hm^2 的盐碱地；有 716.78 hm^2 的土地转变成了耕地，主要来自草地；有 1 360.71 hm^2 的草地转变为林地；从表中也可看出有一部分水域盐碱化变成盐碱地，还有一部分水域干枯以后，其地表植被覆盖逐渐增多，变成了草地，而又有一部分则转变为耕地。因此，该 10 年水域面积减少最明显，而耕地面积增加幅度最大。

表 4-18　2000—2010 年伊敏露天煤矿土地利用转移矩阵　　单位：hm^2

2000 年 \ 2010 年	耕地	林地	草地	工矿仓储用地	住宅用地	水域及水利设施用地	其他用地
耕地	—	0.000	80.827	0.000	367.823	0.000	0.002
林地	0.000	—	217.319	1.130	70.160	0.000	2.387
草地	1 282.528	1 164.395	—	950.698	871.425	51.163	805.486
工矿仓储用地	0.000	0.000	12.456	—	0.000	0.000	0.000
住宅用地	93.901	0.000	69.172	6.164	—	0.000	6.978
水域及水利设施用地	0.000	0.000	59.999	5.528	3.296	—	22.577
其他用地	2.820	0.000	16.124	2.518	17.861	54.447	—

如表 4-18 所示，2000—2010 年的 10 年时间段里，草地向耕地的转变面积较大（1 282.528 hm^2），其次为草地向林地的转变（1 164.395 hm^2）；草地转变成工矿仓储用地及住宅用地面积较大，该 10 年总共有 966.038 hm^2 的土地转变为工矿仓储用地，包括 950.698 hm^2 的草地、6.164 hm^2 的住宅用地、5.528 hm^2 的水域及 2.518 hm^2 的其他土地；共有 1 330.565 hm^2 的土地转变为住宅用地，包括 871.425 hm^2 的草地、367.823 hm^2 的耕地、70.160 hm^2 的林地、17.861 hm^2 的其他土地和 3.296 hm^2 的水域；草地转换成其他土地的面积总共 805.486 hm^2。

从以上 3 个表中可以看出，工矿仓储用地及住宅用地主要来自草地，而两者在 2000—2010 年变化最明显。

②黑岱沟后评价（图形叠置法）

黑岱沟露天煤矿位于内蒙古自治区鄂尔多斯市准格尔旗东部，矿区地处黄土高原地带。该工程一期工程于 1992 年 7 月开工，建设规模 12.0 Mt/a，服务年限 115 年；二期工程于 2004 年开工建设，建设规模 20.0 Mt/a，服务年限 66 年，2008 年达到设计产量。

评价区 1987 年、2000 年及 2010 年土地利用变化见表 4-19，土地利用类型图如图 4-20 所示。

表 4-19　评价区各年度土地利用状况

一级类型	二级类型	斑块数			面积/hm²		
		1987 年	2000 年	2010 年	1987 年	2000 年	2010 年
耕地	水浇地	168	121	100	7 547.564	6 427.189	5 909.150
	旱地	676	833	901	8 812.675	8 032.757	7 093.247
小计		844	954	1 001	16 360.239	14 459.946	13 002.397
林地	有林地	44	92	102	311.562	821.338	1 082.567
草地	天然草地	144	236	279	43 296.51	40 637.31	37 060.04
	人工草地	141	151	151	1 903.23	2 292.503	1 490.721
小计		285	387	430	45 199.74	42 929.813	38 550.761
工矿仓储用地	工业用地	5	57	113	3.122	1 137.95	2 920.20
	采矿用地	3	5	12	0.002	869.09	3 464.83
小计		8	62	125	3.124	2 007.04	6 385.03
住宅用地	城镇住宅用地	0	1	4	0	880.670	1 709.325
	农村宅基地	4	21	32	37.85	427.52	462.69
小计		4	22	36	37.85	1 308.19	2 172.015
水域及水利设施用地	河流水面	7	1	1	1 119.583	807.670	808.604
	坑塘水面	25	15	21	169.90	142.69	215.39
小计		32	16	22	1 289.483	950.36	1 023.994
其他土地	沼泽地	0	16	29	0	461.000	562.146
	裸地	16	36	33	301.264	565.571	724.338
合计		1 233	1 585	1 778	63 503.254	63 503.254	63 503.254

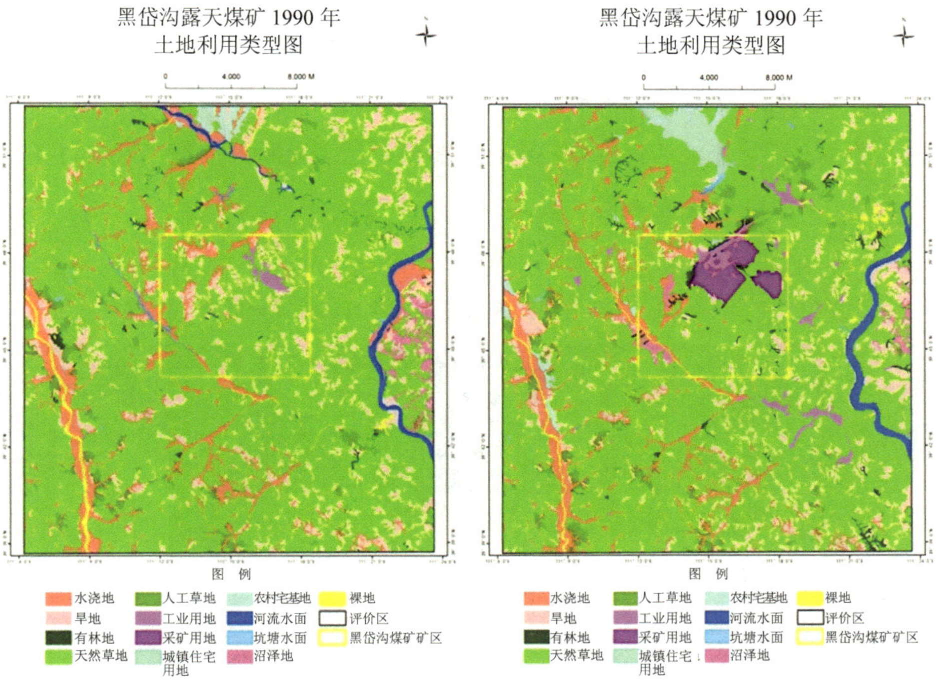

图 4-20　评价区土地利用类型

通过对评价区 1987 年、2000 年及 2010 年 3 个时期的卫星图片解译，利用图形叠置法分析主要土地利用类型面积变化的趋势，分析不同评价时期的土地利用斑块及面积，耕地、林地、草地、工矿仓储用地、住宅用地及其他土地斑块数均在增加，而耕地、草地面积则大幅度减少；工矿仓储用地和住宅用地急剧增加，工矿仓储用地从 1987 年的 3.124 hm^2 增加到 2010 年的 6 385.03 hm^2；住宅用地从 1987 年的 37.85 hm^2 增加到 2010 年的 2 172.015 hm^2。

从评价区土地动态变化分析可以看出，黑岱沟矿区建成后，生态环境发生很大的变化，相当一部分耕地被工矿、仓储用地所替代，对生态环境影响较大。

4.1.3 小结

通过归纳总结已开展环境影响后评价典型案例中生态环境影响后评价方法，对推荐的生态环境影响后评价方法进行了验证，结果显示，推荐的方法具有较好的适用性。具体内容见表 4-20、表 4-21、表 4-22。

表 4-20 生态环境影响后评价推荐方法验证一览表

生态环境后评价方法			典型案例适用性验证							
			红柳林	黑岱沟	伊敏	胜利一号	安太堡	刘庄	潘三井	大柳塔
现状调查方法	地表沉陷监测	水准测量	√	—	—	—	—			√
		全站仪三角高程	√	—	—	—	—			
		GPS 测量	√	—	—	—	—			√
		三维激光扫描		—	—	—	—			
		D-InSAR		—	—	—	—			
	土壤环境调查	收集资料		√	√	√	√	√		
		实测法	√	√	√	√	√	√	√	
		高光谱遥感								
	景观影响调查	收集资料			√	√	√	√	√	
		样方调查	√			√				
		“3S”技术	√	√	√	√	√	√	√	
评价方法		图形叠置法					√			
		景观生态学法		√		√				
		指数法与综合指数法			√	√				
		土地利用转移矩阵			√					
		对比分析法	√	√	√	√	√	√	√	
		高光谱分析								

表 4-21　生态环境影响后评价推荐方法一览表（井工矿）

生态环境后评价方法			井工矿					
			中西部黄土丘陵沟壑区	黄淮高潜水位平原区	蒙东草原区	新疆戈壁荒漠区	云贵川喀斯特地貌区	陕蒙宁风积沙区
现状调查方法	地表沉陷监测	水准测量	√		√	√	√	√
		全站仪三角高程	√		√	√	√	√
		GPS 测量	√		√	√	√	√
		三维激光扫描	√	√	√	√	√	√
		D-InSAR	√	√	√	√	√	√
	土壤环境调查	收集资料	√	√	√	√	√	√
		实测法	√	√	√	√	√	√
		高光谱遥感			√			
	景观影响调查	收集资料	√	√	√	√	√	√
		样方调查	√	√	√	√	√	√
		“3S”技术	√	√	√	√	√	√
评价方法	图形叠置法		√	√	√	√	√	√
	景观生态学法		√	√	√	√	√	√
	指数法与综合指数法		√	√	√	√	√	√
	土地利用转移矩阵		√	√	√	√	√	√
	对比分析法		√	√	√	√	√	√
	高光谱分析					√		

表 4-22　生态环境影响后评价推荐方法一览表（露天矿）

生态环境后评价方法			露天矿					
			中西部黄土丘陵沟壑区	黄淮高潜水位平原区	蒙东草原区	新疆戈壁荒漠区	云贵川喀斯特地貌区	陕蒙宁风积沙区
现状调查方法	地表沉陷监测	水准测量						
		全站仪三角高程						
		GPS 测量						
		三维激光扫描						
		D-InSAR						
	土壤环境调查	收集资料	√	√	√	√	√	√
		实测法	√	√	√	√	√	√
		高光谱遥感			√			
	景观影响调查	收集资料	√	√	√	√	√	√
		样方调查	√	√	√	√	√	√
		“3S”技术	√	√	√	√	√	√
评价方法	图形叠置法		√	√	√	√	√	√
	景观生态学法		√	√	√	√	√	√
	指数法与综合指数法		√	√	√	√	√	√
	土地利用转移矩阵		√	√	√	√	√	√
	对比分析法		√	√	√	√	√	√
	高光谱分析						√	

黄淮高潜水位平原区主要生态影响特征是沉陷积水，无法埋桩布点，因此传统的水准测量、全站仪三角高程测量和 GPS 测量不适用于此区域，可采用三维激光扫描和 D-InSAR 等高新技术进行监测；其他区井工煤矿均可采用水准测量、全

站仪三角高程测量和 GPS 测量监测地表沉陷。三维激光扫描和 D-InSAR 技术目前仅在黄淮高潜水位平原区、中西部黄土丘陵沟壑区开展了应用研究，建议在其他区推广使用。

土壤环境调查中的收集资料法和实测法在六大区均适用，高光谱遥感适用于土壤盐渍化严重的区域，如蒙东草原区。

景观环境调查中的收集资料、样方调查法、地面监测与调查监测在六大区均适用，"3S"技术更适用于露天矿和黄淮高潜水位平原区井工矿的景观调查。

评价方法中的土地利用转移矩阵法更适用于露天矿和黄淮高潜水位平原区井工矿，高光谱遥感分析适用于土壤盐渍化严重的干旱、半干旱区域（如蒙东草原区）。

4.2　地下水环境影响后评价方法

中西部黄土丘陵沟壑区降水量少，煤炭开采会造成地下含水层疏干、水质污染等；陕蒙宁风积沙区煤炭开采会造成煤层上覆含水层中的地下水大量涌入矿坑，地下水水位降低、地下水的水力梯度场和流场发生变化；蒙东草原区煤炭开采会造成潜水水位下降；黄淮高潜水位平原区煤炭开采会对含隔水层、地下水水位及水质造成影响。

煤炭开采项目地下水环境影响后评价的关键在于大量监测、观测资料的积累。

4.2.1　现状调查方法

地下水环境影响后评价内容主要包括水量和水质两个方面，水量变化的主要表现为地下水水位变化，水质变化主要发生在工业场地、矸石堆放场及下游一定范围内。

地下水水位/水量、水质的调查均可采用收集资料法和实测法（表 4-23）。

表 4-23 地下水环境影响现状调查方法

调查方法	方法说明	适用性
收集资料法	水位/水量：①收集煤矿项目的各种地质报告，包括资源储量勘探报告、补充勘探报告和工程勘探报告等；②收集煤矿项目以往环评及相应的水资源论证、水专项评价、专项勘探报告或补充勘探报告，矿区规划环评报告及相应的水资源论证报告、水专项评价报告，环评验收报告；③收集矿区长期动态资料，应充分利用矿区已获取的水文观测网的信息及水位观测孔、居民水井的动态观测资料；④导水裂缝带的观测资料	六大区均适用
	水质：收集煤矿项目各类与地下水水质相关的数据，尤其是环评报告中要求进行长期观测的水质监测孔的动态数据	（1）适用于矿区资料齐全的情况； （2）六大区均适用
实测法	水位/水量：在现有资料不足时，根据需要可有针对性地补充现状监测和环境水文地质勘查与实验，如有历史监测数据，可采用对比分析法评价煤炭开采造成的地下水水位变化情况	六大区均适用
	水质：重点调查可能存在污染源的地区及周边区域，结合地下水分区影响特征选定相应的监测因子	

4.2.2 后评价方法

地下水后评价方法主要采用对比分析法和回顾分析法（表 4-24）。

表 4-24 地下水环境后评价方法

评价方法	方法说明	适用性
对比分析法	水位/水量：对煤矿开采前后的水位/水量数据进行差异性分析，评价煤矿开采活动对其造成的影响	六大区均适用
	水质：收集不同时间节点的水质监测数据，采用指数法进行评价，对比监测因子的浓度变化及超标情况，分析超标原因	

评价方法	方法说明	适用性
回归分析法	根据收集到的水位/水量数据，分析各种因素的相关关系，重点说明在一定条件下的动态变化，通过水位/水量变化的回顾性分析，评价煤炭开采对地下水的影响	（1）适用于资料充分的情况；（2）六大区均适用

4.2.3 典型案例——内蒙古 H 露天矿后评价

内蒙古 H 露天矿地下水环境影响后评价主要包括地下水水质、水位和水量的变化趋势分析，以及露天矿开采对周围敏感点取水的影响。

4.2.3.1 地下水水质回顾性评价

（1）地下水水质回顾性分析

该矿从建设开始到现在，分别在不同时期对地下水质量进行了监测，监测时间及监测点位见表 4-25，本次评价收集了 H 露天矿从建设初期的一期、二期环评及验收的环境现状监测资料，并收集了其环境影响后评价现状监测报告。

表 4-25 矿区地下水质量监测统计分析

序号	一期环评 1985 年	一期验收 1999 年	二期环评 2005 年	二期验收 2008 年	后评价现状监测 2010 年
1	五牧场	疏干水入河排口	居民邦柱家	邦柱家	采区西侧疏干井（原二期疏干井）
2	二工区		居民巴图家	巴图家	采区东侧
3	新建委 19 号		居民额尔顿家	额尔屯家	三采区下游（原巴嘎诺尔湖）
4	城建科		49#疏干井		采区上游疏干井（原一期疏干井）
5	96 号赵喜亭		99-3 疏干井		采区内疏干井（三期首采疏干井）

序号	一期环评 1985 年	一期验收 1999 年	二期环评 2005 年	二期验收 2008 年	后评价现状 监测 2010 年
6	5 号楼王连录		02-8 疏干井		采区内疏干井
7	伊敏队		电厂水源井		傲沟居住区水井
8	2 号疏干井		伊敏一队水源井		五牧场水井
9	4 号疏干井				伊敏队水井
10	9 号疏干井				伊敏河镇水井
11	12 号疏干井				
12	15 号疏干井				
13	疏干水总排口				
14	建材水源井				
15	1 号水源井				
16	2 号水源井				
监测点数	16	1	8	3	10
监测时间	1985 年	1999 年	2005 年	2008 年	2010 年
监测频次	2 月、7 月	连续 2 天	连续 2 天	连续 2 天	连续 2 天

对上述相关监测资料进行统计及整理，因为监测时间间隔较长，时间跨度较大，在不同时期进行监测，各期监测的目的各有侧重，监测点位分布不均，监测水井的深浅不同，监测点位重合性很差。因此，本次评价仅对各期中具有可比性的监测点位进行统计分析，统计结果见表 4-26。

由表 4-26 可以看出，疏干水总排口 Pb、COD、SO_4^{2-} 1999 年监测数值较 1985 年有所升高，Fe、Mn、Cl^-较 1985 年降低，但变化不大；伊敏队水源井 2010 年氨氮监测值较 1985 年降低了，As、Mn、Pb 2010 年较 1985 年升高了，Hg、Fe 2010 年较 1985 年监测值降低了，但变化都不大；2005 年、2008 年邦柱家、巴图家、额尔屯家 3 口井各监测因子监测结果变化不大，硝酸盐氮和铅均未检出，主要表现为氨氮超标。根据三期环评分析与现场调查，项目所在区域牲畜养殖量大，牧民家用水井均与牲畜圈相邻，牲畜圈积压的粪便已对地下水造成污染，这可能是地下水氨氮超标的主要原因。2005 年 3 个监测点的氨氮和高锰酸盐指数均超过III类标准限值，其中，氨氮最大超标 2.10 倍，高锰酸盐指数最大超标 0.67 倍，氨氮超标原因与前期监测一致，由于矿区周边草原的大量放牧，使得畜牧业有较大发展，而畜牧的粪便下渗造成浅层地下水的污染，当地矿区由于原生地质环境铁、锰含量较高。同时地质结构对污染物的过滤作用不明显，同样造成了高锰酸盐超标的现象。

表 4-26　各期地下水监测结果统计　单位：mg/L

监测点位	监测时间	As	Hg	Pb	Fe	Mn	COD	SO_4^{2-}	Cl^-	氨氮
疏干水总排口	1985 年	—	—	0	0.28	0.18	1.58	12.4	10.03	0.24
	1999 年	—	—	0.025	0.145	0.125	7.87	23.1	8.0	—
伊敏队水源井	1985 年	0.001 5	0.000 2	0	2.2	0.227	—	—	—	—
	2005 年	—	—	—	—	—	—	—	—	0.55
	2010 年	0.009 31	0.000 02	0.000 5	0.015	0.58	—	—	—	0.12
邦柱家	2005 年	—	—	—	—	—	—	—	—	0.619
	2008 年	—	—	—	—	—	—	—	—	0.547
巴图家	2005 年	—	—	—	—	—	—	—	—	0.475
	2008 年	—	—	—	—	—	—	—	—	0.178
额尔屯家	2005 年	—	—	—	—	—	—	—	—	0.606
	2008 年	—	—	—	—	—	—	—	—	0.078

后评价现状监测结果显示靠近污水库方向的部分疏干井地下水水质高锰酸钾超标，可能也是一方面受露天矿附近污水库长期下渗影响；另一方面地下水的补给来源主要为伊敏河水和地下径流，人为活动已造成地表水体的污染。

可见自露天矿开采以来，露天矿周围地下水的水质变化不大，到目前为止，由于所在区域牲畜养殖量的增加，牲畜粪便的积压对地下水造成了污染，使得地下水氨氮超标，而现状监测资料显示的靠近污水库方向的疏干井水质高锰酸钾超标，可能是由于污水库长期下渗影响。因此，综合来看，露天矿开采对周围地下水水质是有一定影响的，但影响不大。

（2）地下水水质变化趋势分析

此区域地下水流向为由南向北，本次后评价选取地下水上、下游部分年份的数据进行对比分析（表 4-27）。

表 4-27　地下水水质变化趋势

监测项目		1985 年	2005 年	2008 年	2010 年
氨氮	上游	—	0.546（伊敏队）	—	0.123（伊敏队）
	下游	0.06（五牧场）	0.606（额尔屯家）	0.078（额尔屯家）	0.074（五牧场）

从表 4-27 可以看出，露天矿上游水质 2010 年较 2005 年氨氮浓度减小，水质有所改善，下游五牧场水质 2010 年较 1985 年氨氮浓度增加，额尔屯家水井水质 2008 年较 2005 年氨氮浓度减小，而由于额尔屯家水井距离污水库较近，其氨氮浓度均高于五牧场水质，可见此处地下水受到了污水库的污水长期渗漏影响，距离较近的水质变差。

4.2.3.2　地下水水位及影响范围变化回顾分析

（1）等水位线变化趋势回顾性分析

露天矿开采以来，由于疏干水的不断排出，影响了当地地下水水位，露天矿地下水水位标高历年变化见表 4-28。

从表 4-28 可以看出，地下水水位标高不断下降，2009 年较 2000 年下降了 27.7 m。

表 4-28　2000—2008 年露天矿地下水水位标高统计

年份	月平均排水量/万 m^3	月平均降深/m	1 月水位标高/m
2000	329.61	−0.16	598.90
2001	154.73	−0.16	596.98
2002	140.14	−0.12	594.90
2003	153.30	−0.47	593.20
2004	149.60	−0.34	587.42
2005	175.48	−1.51	583.55
2006	152.29	−0.21	582.73
2007	156.67	−5.36	579.88
2008	157.09	−5.23	573.22
2009	—	—	571.02

（2）地下水水位变化与相关影响因素分析

①地下水水位变化与开采规模的相关性分析

地下水水位随着露天矿开采规模的不断扩大而不断下降，其与开采规模的关系见表 4-29 及图 4-21。

表 4-29　地下水水位与开采规模的关系

年份	煤炭开采量/t	地下水水位/m
2000	4 663 700	598.90
2001	493.77	596.98
2002	511.91	594.90
2003	5 509 200	593.20
2004	6 381 700	587.42
2005	7 635 800	583.55

年份	煤炭开采量/t	地下水水位/m
2006	8 409 900	582.73
2007	9 405 200	579.88
2008	13 829 300	573.22
2009	14 202 700	571.02

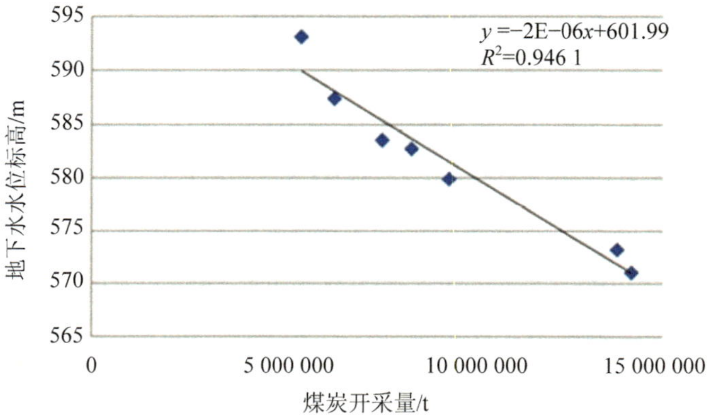

地下水水位标高与煤炭开采量的关系

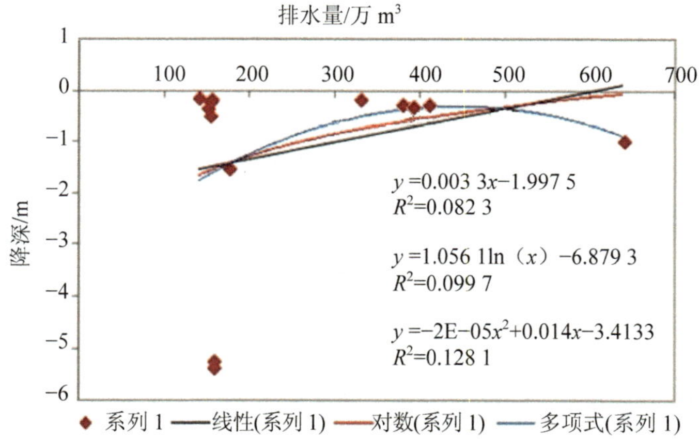

露天矿疏干水月排水量与地下水位降深关系

图 4-21 地下水水位相关关系

从表 4-29 可以看出，地下水水位标高随着煤炭开采量的不断增加而逐渐下降，两者呈现多项式关系，R^2=0.946 1，拟合度较高。可见地下水水位与露天矿开采量相关性大。

②地下水水位变化与疏干水量的相关性分析

露天矿 1994—2007 年月排水量及降深见表 4-30。

表 4-30　1994—2008 年月排水量与降深

年份	1994	1995	1996	1997	1998	1999	2000	
月平均排水量/万 m^3	638.65	396.47	386.04	391.85	409.83	378.71	329.61	
月平均降深/m	−0.96	−0.44	−0.34	−0.31	−0.26	−0.25	−0.16	
年份	2001	2002	2003	2004	2005	2006	2007	2008
月平均排水量/万 m^3	154.73	140.14	153.30	149.60	175.48	152.29	156.67	157.09
月平均降深/m	−0.16	−0.12	−0.47	−0.34	−1.51	−0.21	−5.36	−5.23

从表 4-30 和图 4-21 中可以看出，为了研究露天矿降深与排水量的关系，评价从线性、指数和多项式三种关系对其进行拟合。结果表明，三种关系当中多项式拟合系数最大，为 0.128，但总体关系还是不明显。

③地下水水位变化与区域降雨量的相关性分析

由于当地地下水的补充主要是来自降水，本次后评价对比分析了地下水水位标高与降雨量的关系（表 4-31）。

表 4-31　地下水水位标高与降雨量的关系

年份	降雨量/mm	等水位标高/m
2000	352.90	598.90
2001	217.10	596.98
2002	316.20	594.90

年份	降雨量/mm	等水位标高/m
2003	241.00	593.20
2004	311.50	587.42
2005	309.50	583.55
2006	227.00	582.73
2007	210.50	579.88
2008	319.50	573.22
2009	368.10	571.02

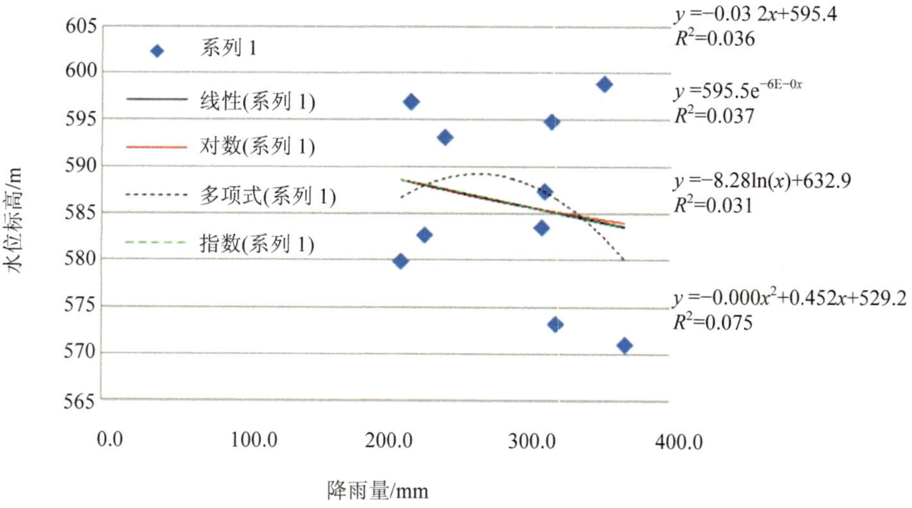

图 4-22　地下水水位标高与降雨量的关系

由表 4-31 和图 4-22 可以看出，对等水位标高与降雨量的拟合关系中相关性最大的是多项式关系，但 R^2 值只有 0.075，可见 H 露天矿地下水水位标高与降雨量关系不大。

（3）地下水影响范围回顾性分析

本次评价利用 2007—2010 年的矿区常规观测孔台账数据分析了地下水水位

的变化情况，利用 Surfer 软件对原始数据进行网格化插值，生成在原始数据分布范围内规则间距的数据点分布，即等值线图。同时为了确定数据大规模的趋势和图案，采用多元回归法模拟地下水漏斗趋势面的变化趋势（图 4-25）。以此确定了地下水漏斗的最大直径、最低深度及所处位置（表 4-32）。

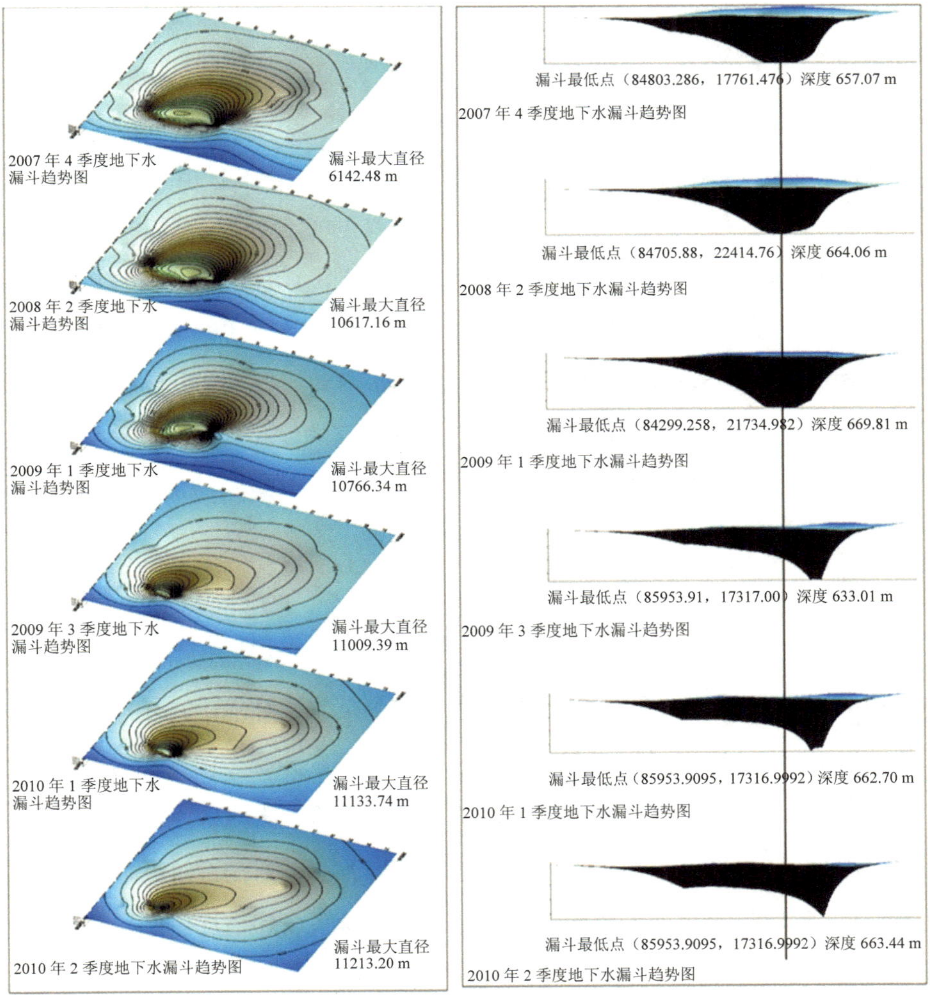

2007—2010 年地下水位等值线　　2007—2010 年地下水漏斗趋势

图 4-23　地下水水位等值线和漏斗趋势

表 4-32　2007—2010 年的地下水漏斗变化数据

时间	漏斗最低点坐标	漏斗最大直径/m	漏斗最小直径/m	最低点深度/m
2007 年 4 季度	（84803.29，17761.48）	6 142.48	7 633.50	657.07
2008 年 2 季度	（84705.88，22414.76）	10 617.16	7 643.60	664.06
2009 年 1 季度	（84299.26，21734.98）	10 766.34	6 971.38	669.81
2009 年 3 季度	（85953.91，17317.00）	11 009.39	9 247.41	633.01
2010 年 1 季度	（85953.91，17317.00）	11 133.74	9 262.39	662.70
2010 年 2 季度	（85953.91，17317.00）	11 213.20	9 662.01	663.44

从表 4-32、图 4-23 可以看出，2007—2009 年 1 季度漏斗最低点位置稍有变动，2009 年 3 季度后漏斗最低点位置不再变化，漏斗最低点深度在 2009 年 1 季度至 3 季度逐渐减小，其他时间均随时间增加而增大。漏斗最大直径出现在 2010 年 2 季度，最大直径为 11 213.20 m，随着开采时间的增长，同一等水位线不断外扩，漏斗中心等水位线分布由密变疏。

4.2.3.3　地下水水资源量回顾性评价

（1）地下水水资源量回顾性分析

本区地下水水资源的补给来源有两个：一个是大气降水，它是本区地下水主要的补给来源，补给时间为每年 4 月中旬的冰雪融水和 7 月、8 月的大气降水。另一个是地表水体伊敏河水和季节性湖泊水体的补给，大气降水的补给源区一是通过盆地两侧的丘陵，低山区的基岩裸露区直接入渗；二是通过勘探区内的沙砾石裸露区入渗，进入第四系含水层，再通过煤层露头或煤系地层越流，补给各含水层。

伊敏河伊敏牧场上游 2000 年水资源总量为 13.34 亿 m^3，其中地表水资源量为 6.761 亿 m^3，地下水资源量为 6.583 亿 m^3。1994—2008 年露天矿疏干水年排水量统计见表 4-33。从表 4-33 可以看出，1994—2008 年露天矿疏干水量占地区地下水资源量最大比例为 1994 年的 8.79%，随着开采年限推移，疏干水排水量逐渐降低，对地区地下水资源量的影响也逐渐减小，到 2008 年只占地下水资源量的 2.86%，对区域经济的可持续发展影响较小。

开采初期矿区疏干水全部排入伊敏河，未加以利用；到露天矿配套电厂建立以后，1999 年疏干水由露天矿抽出后，经建工区泵站分两路，一部分供给电厂作汽轮机循环冷却水的补充水；另一部分多余的疏干水排入伊敏河。2003 年，二期扩建增加的疏干水全部回用于电厂，不外排。可见，自露天矿配套电厂建立以后，露天矿疏干水回用率逐渐提高，截至目前，露天矿疏干水全部能达到回收再利用，不外排，疏干水资源也得到了充分的利用。

表 4-33　1994—2008 年露天矿疏干水年排水量统计

年份	年排水量/万 m^3	占地下水资源量比例/%
1994	5 783.64	8.79
1995	4 757.65	7.23
1996	4 632.47	7.04
1997	4 702.24	7.14
1998	4 917.91	7.47
1999	4 544.52	6.90
2000	3 955.32	6.01
2001	1 856.76	2.82
2002	1 681.64	2.55
2003	1 839.54	2.79
2004	1 795.64	2.73
2005	2 105.79	3.20
2006	1 827.48	2.78
2007	1 879.91	2.86
2008	1 885.10	2.86

4.2.3.4 露天矿开采对周围敏感点取水资源的影响

（1）对地下水饮用水水源地的影响

位于露天矿西南约 4 km 的旗马场水源地位于伊敏河漫滩上，为伊敏煤电公司自备水源。水源井地面标高 679～680 m，H 露天矿一号露天矿开采前后水源井水位持续在 676.5～677.5 m 波动，水位稳定在地面下−3.5～−2.5 m，根据 H 露天矿 1990 年至今的数据统计，其水位波动主要受大气降水等气候因素影响，不受露天矿疏干地下水降落漏斗影响。因此，露天矿矿井涌水的排出对旗马场水源地影响很小。

（2）对周围居民水井用水的影响

北苇子坑、苇子坑、永丰队均分布于伊敏河东岸，由于疏干排水对伊敏河的影响不会跨过河岸，因此，3 个村的居民水源井不会受到影响。

伊敏队位于电厂南侧、伊敏河西岸，距露天井田东南境界 5 km，由于 F10 隔水断层的存在，露天疏干对伊敏队的民井没有影响。

露天矿西南部台地边缘分布少量散住居民，距离露天西部开采境界 0.5 km，露天矿的疏干将对其自备民井产生一定影响。

4.2.4 小结

通过归纳总结已开展环境影响后评价的典型案例中地下水环境影响后评价方法，对推荐的地下水环境影响后评价方法进行了验证，结果显示，推荐的方法具有较好的适用性（表 4-34）。

现状调查方法中的收集资料法在六大区均适用，尤其适用于水位、水质资料齐全的矿区；实测法是在现有资料无法满足评价需求时采用，六大区均适用。

后评价方法中的对比分析法在六大区均适用；回归分析法在六大区均适用，尤其适用于资料齐全的矿区。

表 4-34　地下水环境影响后评价推荐方法一览表

地下水环境后评价方法		适用条件	典型案例适用性验证						
			红柳林	黑岱沟	伊敏	胜利一号	安太堡	刘庄	潘三井
现状调查方法	收集资料法	六大区均适用	√	√	√	√	√	√	√
	实测法	六大区均适用	√	√	√	√		√	√
后评价方法	对比分析法	六大区均适用	√	√		√		√	
	回归分析法	六大区均适用			√		√		√

第5章

环保措施有效性评价方法与验证性分析

5.1 环保措施有效性评价方法

环保措施有效性评价是指通过现场调查等方法检查建设项目现有的环境保护和环境影响减缓措施与对策的落实程度，判断环保措施与对策的有效性，并对评价结果进行分析，发现保护不到位的措施或未考虑到的保护因子，有针对性地提出措施的优化方案。

对于煤矿开采项目，有效性评价的重点为污染物环境影响防控措施和以保护生态环境、地表水、地下水环境为目的的限制性开采、保水煤柱等措施的落实情况及效果。

5.1.1 污染防治措施有效性评价方法

（1）评价方法

云贵川喀斯特地貌区小规模开采煤矿居多，矿区排放重金属、酸性废水等，无成熟处理工艺。因此，该区水污染防治措施有效性是评价重点；新疆戈壁荒漠区无地表水，植被稀少，煤炭开采的主要影响是风蚀扬尘，大气污染治理措施有效性是评价重点。

污染防治措施有效性评价主要针对大气、污水、噪声等定量评价因子，主要核实环评及验收措施的落实情况，并结合实际环境影响，从污染排放是否达标和环境质量是否达标两个方面综合判定污染措施是否有效。

设施有效性评估方法主要包括收集资料法、实测法、对比分析法、理论计算法等（表 5-1）。

表 5-1　污染防治措施有效性评价方法一览表

调查方法	方法说明	适用性
收集资料法	收集工程评价时段的环境监测数据、污染源监测数据和污染防控设施的运行台账等，经过综合比对，分析污染防控设施的运行状态、运行效率、污染物排放达标情况以及环境敏感点污染物浓度超标与工程污染防控设施运行状态的关系，分析污染防控设施运行的稳定性和可靠性	六大区均适用
实测法	现场勘查工程污染防控措施的落实情况，对污染防控设施进出口和工程周边环境敏感点进行实际监测，结合已收集的有效历史监测资料，综合分析污染防控设施的有效性	(1) 适用于煤矿企业工业场地内的锅炉房、储煤场和排矸场（排土场）无组织排放、污水处理站、厂界噪声、敏感点噪声、环境空气质量等方面； (2) 六大区均适用
对比分析法	结合环境变化评价的结果，分析污染防控设施的运行状态，判断环境变化与污染防控设施运行状态的关联性，查找原因，宏观分析污染防控设施的有效性	(1) 适用于环境敏感问题突出的地区，有助于针对性地分析判断污染源存在的具体问题和改进途径； (2) 六大区均适用
理论计算法	对工程的运行工艺进行物料衡算，通过收集的工程运行参数和监测数据对衡算结果进行验证，计算工程单位产品排污量以及排污总量，分析污染防控设施的技术先进性和政策符合性，判断是否需要进一步提高运行效率	(1) 适用于需进一步挖掘污染治理能力、提高环保要求的情况； (2) 六大区均适用

（2）后评价案例总结

根据已开展的环境影响后评价典型案例，总结污染防治措施有效性评价方法（表 5-2）。

表 5-2　污染防治措施有效性评价总结

后评价案例	地表水污染防治措施有效性	大气污染防治措施有效性	噪声污染防治措施有效性
红柳林	①红柳林煤矿已采取的水污染防治措施为：矿井水混凝、沉淀、过滤、消毒段处理规模 12 000 m^3/d，超滤段规模 300 m^3/h，另外，场地北侧建有 3×3 000 m^3 应急沉淀池，处理后矿井水部分回用于矿井生产，多余排入窟野河；生活污水采用二级生化处理，处理规模 2 500 m^3/d，处理后生活污水全部回用，不外排。②从煤矿污废水产生量看，2010 年 1 月—2016 年 7 月，矿井水产生量一般在 1 603～9 291 m^3/d，平均为 6 014 m^3/d（2015 年 8 月 13 288 m^3/d 为突水事故状态，未计入），生活污水产生量在 589～1 475 m^3/d，矿井水、生活污水产生量均小于水处理站处理能力，从矿井水和生活污水处理站处理效果看，矿井水部分满足矿井回用水要求后回用、处理后生活污水在 2014 年之后全部回用于选煤厂和场地绿化洒水，多余矿井水满足《煤炭工业污染物排放标准》中国新建生产线要求，也满足《黄河流域（陕西段）污水综合排放标准》中一	①工业场地锅炉烟气治理：2011 年 1 月—2016 年 7 月工业场地锅炉房 3 台 20 t/h+1 台 10 t/h 热水锅炉分别配置花岗岩冲击式水浴脱硫除尘器（除尘效率在 95.1%～95.8%，脱硫效率在 53.1%～61.3%），并配有在线监测仪 1 套；2016 年实施烟气治理提升工程后，每台热水配置 SNCR 脱硝、布袋除尘和钙-钠双碱法脱硫塔（设计效率：脱硝 60%、除尘 99%、脱硫 90%）。治理后烟气共用 1 根 50 m 高烟囱排放。进行了多次污染源例行监测。治理后烟气排放满足《锅炉大气污染物排放标准》，工业场地锅炉烟气治理措施有效。②装车站场地锅炉烟气治理：装车站锅炉 2 台 6 t/h 蒸汽锅炉分别配置 1 套高效脱硫除尘塔，锅炉房设一根 35 m 高烟囱。监测资料显示烟气排放满足《锅炉大气污染物排放标准》（GB 13271—2001）二类区 II 时段要求，但不满足《锅炉大气污染物排放标准》（GB 13271—2014）排放限值，煤矿计划 2017 年 10 月前完成烟气治理提升工程，使烟气排放浓度满足《锅炉大气污染物排放标准》（GB 13271—2014）重点区特别排放限值要求。③措施立井场地热风炉烟气治理：措施立井场地热风炉配有除尘和脱硫设施，但排放浓度不能	①红柳林煤矿设计及建设过程中，根据设备噪声特点，采取的声污染防治措施主要有：工业场地采取闹、静分区布局，高噪声设备集中布置在工业场地北侧和西侧；充分利用建筑隔声，高噪声设备实现了零露天暴露；锅炉房鼓风机、引风机安装了消声器；风井场地通风机安装消声器和扩散塔；设备采取了减震隔震措施。②从煤矿工业场地 2012—2015 年例行监测结果看，该期间工业场地厂界噪声不满足《工业企业厂界环境噪声排放标准》中二类区标准现象较为普遍，2015 年后煤矿加强了设备维检工作，2016 年工业场地厂界噪声实现了达标排放，煤矿目前

后评价案例	地表水污染防治措施有效性	大气污染防治措施有效性	噪声污染防治措施有效性
	级标准，因此矿井水、生活污水处理设施能力、处理工艺是有效的。另外，处理后的矿井水主要回用于井下生产环节用水，处理后生活污水主要回用于选煤厂生产补充水，污废水回用点用水量可靠且较稳定，因此煤矿目前采取的污废水部分回用的措施也是有效的。从煤矿排水对窟野河地表水水质影响情况来看，2014 年以后煤矿仅向窟野河排放矿井水，矿井水排放水质指标全部低于《地表水环境质量标准》Ⅲ类水质要求、且与排污口上游 500 m 地表水水质基本相当，对窟野河水质影响不大。总体看，煤矿已采取的水污染防治措施有效。 主要采用的评价方法为收集资料法、实测法、比标法	满足《锅炉大气污染物排放标准》（GB 13271—2001）二类区Ⅱ时段要求，煤矿已明确 2017 年 12 月底前拆除。④生产环节粉尘治理：原煤筛分破碎车间配备喷雾洒水装置，并设置 10 组 CCJ/A-14 型布袋式除尘机组（四楼 8 台，六楼两台）；定期冲刷地面及设备，在原煤转载点设置喷雾抑尘措施，产品仓采用全封闭筒仓，输煤栈桥全封闭，小煤场设有防风拟尘网（煤矿计划 2017 年 10 月 30 日前改为封闭煤场）。采取这些措施后工业场地厂界粉尘排放浓度满足《煤炭工业污染物排放标准》（GB 20426—2006）要求，煤矿工业场地生产环节粉尘防治措施有效。⑤矸石处置场扬尘：设置推土机，矸石及时覆土覆盖，同时在矸石场设置洒水车，对其进行洒水降尘，减小扬尘污染，厂界粉尘排放浓度满足《煤炭工业污染物排放标准》（GB 20426—2006）要求，矸石处置场扬尘防治措施有效。⑥地面、运输道路扬尘：红柳林矿井对工业场地的所有裸露地面全部进行了硬化或绿化；对进场公路和运煤公路进行了水泥硬化，对运煤公路配以人工清扫和洒水车定期洒水，但曹家伙盘大气环境质量监测结果看，运煤公路扬尘对周边环境影响较大，需进一步加强运煤公路扬尘污染控制措施。 主要采用的评价方法为收集资料法、实测法	工业场地声污染控制措施有效。③从煤矿风井场地、装车站锅炉房场地厂家噪声监测结果看，风井场地夜间厂界噪声、装车站锅炉房场地昼夜间厂界噪声均存在《工业企业厂界环境噪声排放标准》2 类标准要求现象，其原因为这两个场地占地面积小、设备距厂界距离近，由于超标区目前无声环境敏感建筑，需在外围划定噪声防护距离。 主要采用的评价方法为收集资料法、实测法、现场调查法

后评价案例	地表水污染防治措施有效性	大气污染防治措施有效性	噪声污染防治措施有效性
刘庄	①从刘庄煤矿东区工业场地矿井排水及回用量台账看出，2016 年矿井水平均产生量 6 806 m^3/d，东区矿井水处理站规模为 20 000 m^3/d，现有矿井水处理站处理规模可以满足要求。矿井水处理后回用于矿井井下生产、选煤厂、矸石堆场水冲扩堆和防火灌浆等，处理后的水质满足《煤炭工业污染物排放标准》（GB 20426—2006）中的现有生产线标准要求。②从刘庄煤矿东区工业场地生活污水排放及回用量台账可看出，2016 年矿井平均污水产生量为 2 631 m^3/d，生活污水处理站设计规模 3 000 m^3/d，处理站规模满足处理要求。处理后的排水水质可以满足《污水综合排放标准》（GB 8978—1996）中二级排放标准，生活污水处理后与矿井水汇合外排至古城大沟，最终汇入济河。③从刘庄煤矿西区工业场地生活污水排放及回用量台账可看出，2016 年矿井平均生活污水产生量为 585 m^3/d，刘庄西区工业场地生活污水排放量 585 m^3/d，生活污水经风井场地的污水管网后，进入西区污水处理站，设计处理规模 1 500 m^3/d，经生活污水处理站处理后的排水水质满足《污	①锅炉烟气治理措施有效性论证：刘庄煤矿东区、西区工业场地锅炉房锅炉烟气除尘采用水膜除尘器，根据本次后评价（2017 年）对东区、西区锅炉房锅炉除尘器出口污染物监测结果可知，锅炉烟气中烟尘、SO_2、NO_x 排放浓度满足《锅炉大气污染物排放标准》（GB 13271—2014）中“表 1 在用锅炉大气污染物排放浓度限值”（烟尘 80 mg/m^3、SO_2 400 mg/m^3、NO_x 400 mg/m^3），治理措施有效。刘庄煤矿东区工业场地现有锅炉房设有烟囱 1 根，高度为 50 m，装机总容量 40 t/h；西区工业场地现有锅炉房设有烟囱 1 根，高度为 40 m，装机总容量 12 t/h，锅炉房烟囱高度均满足《锅炉大气污染物排放标准》中关于烟囱允许高度的要求。②东区工业场地储煤场：刘庄煤矿东区工业场地现有储煤场面积约 3.346 8 hm^2，设计储存量为 20 万 m^3，储煤场周围采取喷淋洒水装置，粉尘排放浓度满足《煤炭工业污染物排放标准》（GB 20426—2006）要求。储煤场煤尘防治措施有效。③东区工业场地临时矸石堆场：东区掘进矸石临时堆场共堆存矸石 56.4 万 m^3，总占地 5.3 hm^2；东区洗选矸石临时矸石堆场，堆存量约为 6.2 万 m^3，占地面积约为 1.0 hm^2。临时矸石堆场周围采取喷淋洒水装置及防尘网，粉尘排放浓度满足《煤炭工业污染物排放标准》（GB 20426—2006）要求，矸石堆场扬尘防治措施	从措施的落实情况看，刘庄矿基本落实了环评提出的噪声控制措施。为保证厂界和敏感点噪声达标，对高噪声设备及场所提出如下噪声治理措施：①主、副井提升机房内设置司机操作隔声间，设置隔声观察窗和隔声门；②在扇风机房内设置隔声值班室；在通风道内设置 ZF 系列消声器；③在压风机房内设置隔声值班室；在空气压缩机进风口安装 KY 系列消声器；④鼓风机和引风机噪声均为空气动力性噪声，每台锅炉均将在鼓风机进风口设置 ZT 系列阻抗复合消声器；⑤选煤厂噪声治理：对机械振动性噪声源采取隔声与减振阻尼治理措施，即在车间内设置隔声观察室、对振动较强烈部位设置弹簧减振器或橡胶减振垫等；对泵类设水泵

后评价案例	地表水污染防治措施有效性	大气污染防治措施有效性	噪声污染防治措施有效性
	水综合排放标准》（GB 8978—1996）二级标准。 综上所述，刘庄东区工业场地矿井水净化站、生活污水处理站及西区工业场地生活污水处理站规模均满足现有污水处理能力，各污水经处理后均满足相关标准要求，因此现有水污染源防治措施是有效的。 主要采用的评价方法为收集资料法、实测法等	有效。④西区工业场地临时矸石堆场：西区掘进临时矸石堆场，堆存量为 12 万 m^3，占地面积为 6.0 hm^2，设置有喷淋洒水装置及防尘网，粉尘排放浓度满足《煤炭工业污染物排放标准》（GB 20426—2006）要求，矸石堆场扬尘防治措施有效。⑤东区、西区工业场地道路及运输扬尘：刘庄煤矿对工业场地的所有裸露地面全部进行了硬化或绿化，并配置了 1 辆洒水车，安排保洁人员定时清扫、洒水，有效抑制了地面扬尘的产生，通过本次后评价对评价区敏感点环境空气质量现状监测表明，评价区各监测点的 TSP、PM_{10} 日均浓度均满足《环境空气质量标准》（GB 3095—2012）中二级标准要求，治理措施有效。 主要采用的评价方法为收集资料法、实测法、现场调查法等	房，将整个泵房作为隔声间；对选煤厂噪声治理主要是根据生产工艺要求，尽可能降低物料的落差；⑥对工业场地空闲地段进行绿化。 主要采用的评价方法为收集资料法、实测法等

通过已开展后评价的典型案例总结发现，部分矿井（红柳林、刘庄、潘三矿等）矿井水的综合利用未达到100%回用，具体而言，一种是综合利用途径的落空，如电厂（接收矿井水）的建设未能获批；另一种是缺乏有效的利用途径，如云贵川等地的矿井水量很大，而利用途径非常有限。

5.1.2 生态恢复措施有效性评价方法

煤矿项目生态恢复措施主要包括土地复垦与生态重建措施、水土保持措施，对生态恢复措施进行有效性评估，不仅可以客观反映煤矿项目生态恢复工程的实施效果，而且是进一步调整和优化生态恢复方案的重要手段。煤炭采掘项目生态恢复等级在实际工作中大致有恢复至原貌、过度恢复和无法恢复三种情况，如黑岱沟煤矿的生态恢复较周围生态环境有较大改善，属于过度恢复；新疆准东基地的煤矿项目生态恢复条件较差，很难恢复至原貌。

5.1.2.1 评价方法

生态恢复措施有效性评价内容包含两部分：①环评和验收提出的生态恢复措施是否按照要求实施；②生态恢复的效果性评价，选用不同的评价指标表征矿区生态恢复效果，以矿区范围内的植被现状、植被覆盖率、农业生产率、林地覆盖率、水土流失量、土壤侵蚀模数、林草覆盖率、土地利用结构、生物多样性、主要动植物物种、采掘场内排复垦、外排土场和排矸场的复垦等指标作为评价因子，评价相应生态恢复措施的实际效果。

露天开采与井工开采对生态环境的影响程度是不同的，露天矿对当地草原生态环境的破坏主要表现在因露天采区岩土剥离、地面建构筑物及道路建设时开挖地表、移动土方和弃土石渣造成原有地貌的破坏和植被的消失，工业场地和排土场占地对植被的破坏。主要表现在开采过程及占地对植被的严重破坏，以及开采引起的地下水疏干对地表植被的影响。其生态恢复主要考虑边采边复垦（主要对外排土场进行生态恢复），采坑内的生态恢复需要开采完成后才能开始。

井工开采对生态环境的影响主要为地表沉陷对植被的影响及区域水土流失的影响。主要表现在：产生裂缝，土壤结构变松，降低土地生产能力，滑坡、地表裂缝造成的植被压埋等造成的植被覆盖率降低。井工开采对井田范围内生态环境的影响较露天开采小。

煤炭采掘项目生态恢复措施有效性评价重点在生态恢复的效果性评价，需结合不同生态类型区及不同开采方式综合确定生态恢复效果评价指标。按照不同生态类型区和不同开采方式的评价指标及评价重点见表 5-3 和表 5-4。

表 5-3　不同生态类型区的生态恢复效果评价指标

分区	生态恢复效果评价指标
中西部黄土丘陵沟壑区	水土流失量、土壤侵蚀模数、土地荒漠化等
黄淮高潜水位平原区	土地利用结构、耕地面积、沉陷积水区治理等
蒙东草原区	植被覆盖率、生物多样性、外排土场和排矸场的复垦等
新疆戈壁荒漠区	风蚀流失、土壤盐渍化、土壤沙化等
云贵川喀斯特地貌区	水土流失、土壤侵蚀、石漠化等
陕蒙宁风积沙区	水土流失、植被覆盖度、生物多样性等

表 5-4　不同开采方式的生态恢复效果评价重点

开采方式	生态恢复效果评价重点
露天开采	“边开采、边恢复”措施的落实情况、内外排土场和采掘场等分期分区生态恢复方案及生态恢复情况
井工开采	矸石堆场植被恢复情况、沉陷区的生态恢复、水土流失情况等

生态恢复措施有效性评价主要采用的评价方法包括收集资料法、现场踏勘法、问卷调查法、“3S”技术、图形叠置法等（表 5-5）。

表 5-5　生态恢复措施有效性评价方法一览表

调查方法	方法说明	适用性
收集资料法	（1）保护性开采落实情况：收集煤矿历史生产资料，包括开拓布置图、井上井下对照图、老采空区分布图和相关部门批复的储量核实报告等，确定煤矿实际留设保护煤柱的范围，实施分层开采、限采高开采、保水煤柱等保护开采； （2）收集土地复垦方案、水土保持方案、实际治理工程的建设资料，核实环评、验收、水保等要求的措施是否完成； （3）收集相关搬迁、补偿协议等资料，核实搬迁补偿措施的落实情况	六大区均适用
现场踏勘法	（1）通过现场踏勘，考察生态保护工程的实施情况和治理效果； （2）现场勘查搬迁落实情况； （3）环评及验收要求的地下水保护措施的落实情况，包括地下水监测井、集中式饮用水水源地建设情况，通过走访相关居民实际用水情况确定地下水保护措施的落实情况及有效性	六大区均适用
问卷调查法	对煤矿项目涉及的利益相关方开展问卷调查，调查相应的保护措施落实情况及效果	六大区均适用
“3S”技术	采用“3S”技术、三维激光扫描、D-InSAR（差分干涉合成孔径雷达技术）等方法对煤炭项目开采前后及开采不同时期的地形地貌、地表形态、植被类型及覆盖度、土地利用结构、水土流失、当地主要生态问题等生态因子开展调查，分析生态保护措施的有效性	尤其适用于露天煤矿及井工煤矿积水区
图形叠置法	结合生态环境变化评价的结果，对生态防护与恢复措施分布图与生态环境变化图进行叠置分析，逐条逐块分析生态环境变化与措施的关联性，分析措施的有效性；进一步判断需要优化和增加的措施内容	六大区均适用

5.1.2.2　典型案例——黑岱沟煤矿

黑岱沟露天煤矿位于内蒙古自治区鄂尔多斯市准格尔旗东部，矿区地处黄土高原地带。黑岱沟露天矿生态恢复措施的有效性主要以生态恢复措施的完成情况和恢复效果（景观生态效益和生物多样性效应）来反映。

（1）历次环评提出的生态恢复和重建措施简述

①1989 年环评提出

在排土场上修筑排水渠道；排土场边坡上作鱼鳞坑、水平沟，修筑挡水墙，在坡角下挖排水沟。排土场建成工程措施之后，其上要迅速恢复植被。矿区内外排土场土地复垦。

②2003 年环评提出的措施

水土流失防治工程措施：在道路和工业广场修建排水渠道，建立起高标准的排水渠道，将雨水归整流入渠道，排出区外。在排土场上，应从最高排土场开始，从上而下地修筑排水渠道，建立横纵向的完整排水系统，纵向上因排水量大，边坡比降大，排水渠道的设计要考虑其稳固性，如用铁丝笼石修筑成逐段跌水式渠道以消能排洪。这样可在排土场上形成完整的排水系统，是防治沟蚀产生和滑坡的骨干工程。

排土场防护工程：针对边坡发生水土流失较为严重的问题，在排土的工艺上首先将土堆放在排土场的外边缘上以便修筑挡水墙，修筑后的挡水墙形成类似反坡式梯田，然后在坡角下挖排水沟。在排土场深翻土地之后，分区平整，打田埂成畦，留有出水口，使之既能蓄水，又能排水。排土场修整后，要迅速进行人工生态系统的建设工作，恢复重建植被。

边坡防护工程：在排土场边坡上作鱼鳞坑、水平沟来防治坡面沟蚀和重力侵蚀，防护后的边坡赶在雨季到来之前，播种植物种子，尽快重建植被。

重力侵蚀危险区防护工程：重力侵蚀危险区主要是边坡滑塌，洞穴侵蚀以及可能产生滑坡、坡面泥石流等危险区。根据其可能造成的危害，采取如设挡水墙、罅隙填土灌缝、边坡设防护工程积极疏导径流等措施。提高防护标准，采取综合对策积极治理。同时要做好水土流失的监测工作，以便及时采取措施治理。

土壤风蚀沙化防治措施：裸露的排土场是本区土壤沙化的主要源头，排土场在到位之后尽快实施生物防护措施是防治排土场土壤沙化的根本。

排土场生物防治措施：排土场建成工程措施之后，需要迅速恢复植被，以便促进土内水分的蒸散，防止土壤水蚀和风蚀的发生，保持水土。排土场土地复垦根据发展的需要可进行农业、林业、牧业等方式的复垦工作，也可建成一个综合的人工生态系统，促进经济与环境的持续发展。

（2）排土场治理和生态恢复措施及措施的落实情况

目前，整个矿区生态恢复主要采取了“以生物措施为主，工程措施为辅”的措施，生物措施主要包括排土场边坡复垦、排土场平盘复垦、工业场地绿化等。工程措施以打坝、鱼鳞坑、透水石堤、水平沟等为主，防止水土流失。

（3）生态恢复和重建措施效果验证评价

经过近20年的生态恢复，黑岱沟矿区生态环境已有了较大改善，此次后评估在对矿区做了较为全面的调查分析、露天煤矿在实施生态建设之后，矿区植被覆盖度提高，矿区生态系统的结构由简单趋向复杂，植物种群由单一趋向多样化，水土流失得到治理，生态系统向着良性循环方向发展。其主要表现在：

①景观生态效益

景观是表征一个空间一定时间范围内人与环境相互作用所产生的各类生态系统的不同组合和分布格局。它是由自然和人类文化过程的各种活动而形成的。露天矿就是这样一个平台，在其建设初期，由于各种机械活动和人为干扰，矿区范围内植被稀疏、尘土飞扬、一片荒芜的景象。通过几年生态建设后，矿区内特别是排土场生长的各种乔灌木，错落有致、生机勃勃、一片绿色景象，与四周山丘相比，形成了鲜明的对照。彻底改变了原来的面貌，在黄土高原上建立起了绿色的生态景观。

②生物多样性效应

矿区范围内包括排土场在形成的初期，其上生长的植物稀少，仅有几种一年生植物，如藜科的猪毛菜、雾冰藜、沙蓬及禾本科的虎尾草、狗尾草等，往往是由于风吹携来种子之后，遇到雨季而生长的。秋天过后，大风一吹，有些植物被连根拔起，地上又是一片荒芜景象。我们通过对本地植物各类的调查和引种，筛选出适宜本地生长的60余种植物进行矿区植被重建及环境绿化。这些植物包括：

油松、云杉、杜松、侧柏、樟子松、桧柏、杨树、柳树、榆树、龙爪槐、国槐、刺槐、卫茅、山桃、火炬树、玫瑰、小叶女贞、丁香、榆叶梅、珍珠梅、金老梅、黄刺梅、锦鸡儿、沙棘、樱桃、沙地柏、沙柳、五叶地锦、连翘、红叶小檗、老芒麦、冰草、羊草、披碱草、早熟禾、紫羊茅、红豆草、紫花苜蓿、羊柴、草木樨、杂花苜蓿、沙蒿、沙打旺、石刁柏、草莓、石竹、苹果树、杏树、苹果梨、桃树、李子树、山楂、海棠等。并在矿区建立了不同种类、不同组合类型的生物群落，从而增加了矿区内物种的多样性和生态的多样化。由于生态环境的改善，因此有许多动物来此栖息繁衍，安家落户。根据调查，排土场动物有：麻雀、喜鹊、北红尾鸲、金翅雀、斑翅山鹑、斑啄木鸟、小沙百灵、凤头百灵、云雀、家燕、红尾伯劳、野鸡、石鸡、野兔、刺猬、蛇及鼠类和昆虫等。

5.1.3　固体废物处置措施有效性方法

煤矿开采项目固体废物处置措施主要包括剥离物、矸石、生活垃圾、锅炉灰渣等，有效性评价实质包括相关工程建设实施和资源综合利用的落实情况，分析相应措施的有效性。

（1）评价方法

固体废物处置措施有效性评价的方法主要是收集资料法和现场踏勘法（表 5-6）。

表 5-6　固体废物处置措施有效性评价方法一览表

调查方法	方法说明	适用性
收集资料法	收集排土场、矸石场相关的设计/施工报告及图纸、防渗设施、挡土墙、雨水收集池等设施建设资料，煤矸石、锅炉灰渣等资源综合利用相关资料，并结合现场踏勘对措施的有效性进行评价	六大区均适用
现场踏勘法	现场考察排土场、矸石场的建设设施及相应的水土保持措施的落实情况，勘查煤矸石、锅炉灰渣综合利用设施或依托单位，分析综合利用措施的可行性及有效性	六大区均适用

（2）典型案例

固体废物处置措施有效性评价的总结见表 5-7。

表 5-7　固体废物处置措施有效性评价总结

典型案例	固体废物处置措施有效性
红柳林	①已采取固体废物处置措施有效性：红柳林煤矿洗选矸石为第Ⅰ类一般工业固体废物，发热量低，仅为 4.02 MJ/kg 不能满足煤矸石电厂燃料要求，周边目前无大宗煤矸石综合利用企业，因此煤矿采取在矸石处置场填沟造地的方式进行综合利用。该处置方案符合《煤矸石综合利用管理办法》（发改委令 2014 年第 18 号），煤矸石填沟造地过程中未对地下水、土壤、大气环境产生大的影响，矸石造地区采取完善的截排水、输水和拦挡措施，造地完成后土地复垦类型为乔灌草结合的林地，提高了造地区植被覆盖度，不会对环境产生大的影响，因此煤矿已采取的煤矸石处置措施是有效的； 另外，锅炉灰渣目前在煤矿外部综合利用，利用方向为修路、建筑材料和建材原料，虽然 2010—2016 年锅炉灰渣得到了全部利用，由于用户不确定、利用时间不确定、用户生产情况稳定与否均无法控制，可能会导致煤矿后续生产过程中锅炉灰渣不能综合利用的现象发生； ②固体废物处置补救措施：针对煤矿后续生产可能存在的锅炉灰渣得不到综合利用的情况，本次后评价建议煤矿积极寻求稳定可能的锅炉灰渣综合利用企业（如水泥厂），建立长期合作关系，努力提高锅炉灰渣综合利用的可靠性。若锅炉灰渣外部综合利用确实存在困难，建议煤矿在矸石处置场划定一定区域用作锅炉灰渣处置，四周设挡墙与煤矸石隔离，该区域底部和四周挡墙需按第Ⅱ类一般工业固体废物做防渗处理； 主要采用收集资料法和现场踏勘法
刘庄	①煤矸石：2002 年东区环评及 2012 年西区环评提出：东区和西区煤矸石运往矸石堆场临时堆存，待矿井开采塌陷区形成后，再将不能综合利用的煤矸石全部送往塌陷区进行回填。后期煤矸石电厂建成后，选煤厂的洗选矸石作为燃料进行综合利用；刘庄煤矿投产以来，掘进矸石主要用于修建塌陷的道路，多余部分除少量堆存在矸石堆场外，绝大部分都外销进行综合利用，洗选矸石全部外销进行综合利用。矸石处置基本有效。刘庄煤矿按照地方政府的要求，首先准备对塌陷积水区进行综合整治，利用掘进矸石对浅积水区进行回填造地，正在进行规划的编制和可行性论证。另外，利用矸石对矿区周边的三条道路进行回填修复，经勘测约需 9 万 m^3 矸石，矿方将免费提供矸石；利用矸石加固矿区周围的河流堤坝，矿井周边需要加固的河流为济河、八丈河、东大沟和西大沟，经测算需 5 万～10 万 m^3 矸石，矿方将免费提供矸石；委托古城镇一家具有矸石处理资质的企业，

典型案例	固体废物处置措施有效性
刘庄	进行矸石加工和处置及矿井周边即乡村田间道路填充使用；远期刘庄矿将通过筹建煤矸石电厂、煤矸石砖厂对煤矸石进行综合利用； ②生活垃圾：2002 年东区环评建议，应在矿井工业场地内设立一个垃圾转运站，配备一辆垃圾自卸车，将收集的生活垃圾定期集中运往附近大型垃圾场统一处置。根据“污染治理付费”的原则，刘庄矿井需向垃圾处理厂支付垃圾处置费。2012 年西区环评提出，生活垃圾由环卫人员每天收集，集中分拣处理后，由刘庄煤矿与地方有关部门商定，付费委托地方环卫部门集中处理。目前刘庄矿井区生活垃圾做到了日产日清，由环卫人员每天收集，最终送到颍上县垃圾处理场进行处置，环评在调查期间，没有发现垃圾乱堆的现象。垃圾处理措施有效； ③锅炉灰渣：根据 2002 年东区环评和 2012 年西区环评，东区锅炉灰渣主要用于附近建材厂做原料，或回填塌陷区。西区锅炉灰渣主要用于回填塌陷区。经调查锅炉灰渣主要供给当地居民烧制砖瓦和道路铺垫，属于废物综合利用。锅炉灰渣处置有效； ④污水站污泥：根据 2002 年东区和 2012 年西区环评，东区污水处理站污泥主要用于矿井工业场地及厂外道路绿化，多余部分送至附近农田作农肥。西区污泥主要作为农用肥料。矿井水处理站污泥掺入选煤厂的煤泥中外销。经调查，污水处理站污泥落实环评措施，均用作周边农用肥料，得到了妥善处置，未对环境产生不良影响。矿井水处理站污泥送至选煤厂压滤，掺入选煤厂煤泥中外销，污泥处置落实了环评中提出的处置措施，调查期间，未发现随意堆放、未对环境造成不良影响。污水处理站污泥处置方式有效； ⑤废矿物油：环评及其批复、验收批复中对废矿物油处理、处置未提要求。2016 年，刘庄煤矿废矿物油产生量为 10.98 t，由具有危险废物处置资质的合肥市安达新能源有限公司负责进行处理、处置； ⑥补救措施：进一步加强矸石的综合利用，将矸石综合利用于矸石电厂（2 台 35 万 kW 矸石电厂已列入安徽省“十三五”电力发展规划）和回填塌陷区； 主要采用收集资料法和现场踏勘法

5.1.4　小结

通过归纳总结已开展环境影响后评价典型案例中环保措施有效性评价方法，对推荐的地下水环境影响后评价方法进行了验证，结果显示，推荐的方法具有较好的适用性（表 5-8）。

收集资料法、现场踏勘法、实测法六大区均适用，对比分析法适用于环境敏感问题突出的地区，有助于针对性地分析判断污染源存在的具体问题和改进途径。理论计算法适用于需进一步挖掘污染治理能力、提高环保要求的情况。

通过已开展后评价的典型案例分析，目前煤矸石综合利用在两淮地区（黄淮高潜水位平原区）落实比较到位，基本全部回填塌陷区。其他地区达不到环评要求的综合利用率，具体而言，一种是综合利用途径的落空，如电厂、排矸场建设未能获批；另一种是缺乏有效的利用途径，如环评要求煤矸石制砖，但矸石砖市场竞争力较弱，综合利用很难实现。

表 5-8　环保措施有效性后评价推荐方法一览表

环保措施有效性评价方法		适用条件	典型案例适用性验证						
			红柳林	黑岱沟	伊敏	胜利一号	安太堡	刘庄	潘三井
污染防治措施有效性	收集资料法	六大区均适用	√	√	√	√	√	√	√
	实测法	六大区均适用	√	√	√	√	√	√	√
	对比分析法	六大区均适用	√	√	√	√	√	√	√
	理论计算法	六大区均适用							
生态恢复措施有效性	收集资料法	六大区均适用	√	√		√	√	√	√
	现场踏勘法	六大区均适用	√	√	√	√	√	√	√
	问卷调查法	六大区均适用							
	“3S”技术	六大区均适用	√	√	√	√	√	√	√
	图形叠置法	六大区均适用		√					
固体废物处理措施有效性	收集资料法	六大区均适用	√	√	√	√	√	√	√
	现场踏勘法	六大区均适用	√	√	√	√	√	√	√

5.2　环境影响预测验证方法

验证性评价是环境影响后评价的核心内容之一，包括相符性验证和准确性验证两方面。相符性验证是指实施后实际情况与原环境影响评价文件及审批批复文件的相符性，并分析造成不符的原因；准确性验证是指现状与原环境影响评价的预测结果进行对比验证原预测结果的准确性，验证预测方法和参数的准确性、科学性。

煤炭开采项目环境影响预测验证的重点为地表沉陷预测验证以及地下水环境影响预测验证。

5.2.1　地表沉陷预测验证方法

5.2.1.1　验证方法

采煤沉陷影响的范围和程度的预测是煤矿环评的重点内容，预测的准确性取决于：①预测模型是否合适；②预测模型中的参数选取是否合理；③分析沉陷影响时的一些重要判据是否准确。后评价阶段，采用岩移观测数据与环评预测结果进行对比分析，验证预测模型及模型参数选取的合理性。

环评报告对地表沉陷多采用概率积分法，后评价验证阶段可以通过集煤矿地表岩移观测成果确定环评报告采用的预测参数（下沉系数、主要影响角正切、水平移动系数等）是否准确，并进行必要的调整和修正，为后续的环评提供更准确的参数。

地表沉陷的预测验证主要采用为收集资料法。不同矿区沉陷参数类比偏差较大，沉陷预测参数选取的顺序为优先选用本矿岩移观测成果，次选相邻矿井岩移观测成果，最后为《三下采煤规程》（2000 年版）中的综合 P 系数法。

5.2.1.2 典型案例验证结果

（1）红柳林

《陕西煤业集团有限责任公司红柳林矿井（变更）环境影响报告书》编制过程中地表沉陷预测参数类比了与本井田在同一煤田的大柳塔、补连塔煤矿地表岩移观测成果，但根据红柳林煤矿 15201 工作面采煤地表岩移观测站观测成果（表 5-9），本井田采煤实际地表下沉系数较原环评预测时所选取的参数增大了 42.4%，由于地表沉陷参数是预测或计算地表沉陷特征参数的基础参数之一，另外，矿井井下采煤工艺参数与原环评相比也发生了变化，北一盘区由 6.0 m 增加到 6.3 m、南一盘区由 6.0 m 增加到 7.0 m，因此原环境影响评价地表沉陷预测参数与实际地表沉陷参数不符，本次后评价按矿井实际采煤参数、地表岩移观测的沉陷预测参数对矿井采煤地表沉陷结果进行了矫正（表 5-10），与原环评地表沉陷预测结果相比，矿井采煤实际地表下沉最大值将达到 6 180.1 mm，增大约 66%。

表 5-9 红柳林矿井采煤地表沉陷预测参数

项目			参数值		备注
参数项目名称	符号	单位	原环评	本次后评价	
下沉系数	q		0.62（复采 0.68）	0.883	后评价参数为本矿井采煤地表岩移观测成果参数
主要影响正切	$\tan\beta$		2.2	1.38	
水平移动系数	b		0.30	0.23	
拐点偏移距	S	m	0.15H	0.32H	

表 5-10 红柳林矿井南一、北一盘区采煤地表沉陷验证

盘区	南一盘区		北一盘区			
	原环评	后评价	原环评		后评价	
开采煤层	5^{-2}	5^{-2}	4^{-2}	5^{-2}	4^{-2}	5^{-2}

盘区		南一盘区		北一盘区			
		原环评	后评价	原环评		后评价	
煤层采厚/m	最小	3.90	3.90	1.15	2.65	1.15	2.65
	最大	6.00	7.00	3.50	6.00	3.50	6.30
煤层埋深/m	最小	60.40	60.40	62.40	108.50	62.40	108.50
	最大	190.20	190.20	123.90	199.10	123.90	199.10
最大下沉 W_{cm}/mm	最小	2 417.60	3 443.20	712.90	1 801.70	1 015.30	2 339.60
	最大	3 719.40	6 180.10	2 169.70	4 079.40	3 090.00	5 562.10
倾斜变形 I_{cm}/（mm/m）	最小	35.80	35.20	11.50	18.80	11.30	16.90
	最大	123.20	133.20	57.50	68.60	56.50	70.70
水平变形 E_{cm}/（mm/m）	最小	16.33	12.30	5.25	8.59	4.00	5.90
	最大	56.20	46.57	26.21	31.26	19.70	24.73
曲率 K_{cm}/（$\times10^{-3}$/m）	最小	0.62	0.42	0.28	0.30	0.19	0.19
	最大	6.21	4.63	2.31	1.92	1.57	1.37
水平移动 U_{cm}/mm	最小	725.30	791.90	213.90	540.50	233.50	538.10
	最大	1 115.80	1 421.40	650.90	1 223.80	710.70	1 279.30
主要影响半径 r/m	最小	30.20	43.70	31.20	54.30	45.20	78.60
	最大	95.10	137.80	62.00	99.60	89.80	144.30

（2）刘庄

①地表塌陷参数的验证

2002 年编制的《国投新集能源股份有限公司刘庄矿井及选煤厂环境影响报告书》，地表塌陷采用概率积分法作为预测地表形态变化的计算方法，地表塌陷及变形参数来源《建筑物、水体、铁路及主要井巷煤柱留设与压煤开采规程》当时淮南矿区地表塌陷的实测结果。但根据刘庄煤矿 151301 工作面采煤地表岩移观测站观测成果（表 5-11）。

表 5-11 刘庄煤矿采煤地表塌陷预测参数

项　目			参数值			备注
参数项目名称	符号	单位	原环评	本次后评价		
				初采	复采	
下沉系数	q		0.85	0.85	0.90	后评价参数为本矿井采煤地表岩移观测成果参数
主要影响正切	$\tan\beta$		1.60	2.80	2.80	
水平移动系数	b		0.30	0.30	0.30	
影响传播角	θ	(°)	$90\sim0.60\alpha$	$90\sim0.60\alpha$	$90\sim0.60\alpha$	
煤层倾角	α	(°)	10～20	15	15	

本井田采煤实际地表下沉系数较原环评预测时所选取的参数约增大 5.84%，由于地表沉陷参数是预测或计算地表沉陷特征的基础参数之一，因此，原环境影响评价地表沉陷预测参数与实际地表沉陷参数存在一定差异，本次后评价按矿井实际采煤参数、地表岩移观测的沉陷参数对矿井采煤地表沉陷结果进行了矫正，与原环评地表沉陷预测结果相比，现状开采的 5 个煤层实际地表下沉最大值将达到 15 212 mm，约增大 5.84%。

②地表下沉及移动变形最大值计算公式：

$$W_{\max}=q\cdot m\cdot\cos\alpha \tag{5-1}$$

$$i_{\max}=\frac{W_{\max}}{r} \tag{5-2}$$

$$K_{\max}=1.52\frac{W_{\max}}{r^2} \tag{5-3}$$

$$U_{\max}=b\ W_{\max} \tag{5-4}$$

$$\varepsilon_{\max}=1.52b\frac{W_{\max}}{r} \tag{5-5}$$

式中：W_{max}—— 最大地表下沉值，m；

i_{max}—— 最大地表倾斜值，mm/m；

K_{max}——最大地表曲率值，10^{-3}/m；

ε_{max}——最大水平变形值，mm/m；

U_{max}——最大水平移动值，mm；

m ——煤层法线采厚，m；

q ——下沉系数；

α ——煤层倾角，(°)；

b ——水平移动系数；

r ——主要影响半径，m。

③最大变形值验证结果

根据已开采区煤层厚度、煤层埋深以及地表岩移观测成果，刘庄煤矿现有开采煤层最大下沉及变形值见表 5-12 和表 5-13。计算结果表明，将原环评与后评价环评最大下沉相比较，相差 5.94%。总体来说，原环评与实测值相差不大。

表 5-12　刘庄煤矿已开采沉陷区地表移动变形参数

采区	煤层开采厚度/m			埋深 H/m	下沉系数（q）	水平移动系数（b）	主要影响角正切（tgβ）
	煤层	煤层采厚	实际开采厚度	最小-最大			
现有开采区	5	0～7.70	4.20	500～760	0.90	0.30	2.8
	6	0～3.86	1.20	500～760	0.90	0.30	2.8
	8	0.96～4.45	2.50	450～760	0.90	0.30	2.8
	11_{-2}	1.37～5.40	4.0	500～760	0.90	0.30	2.8
	13_{-1}	2.41～5.73	5.6	500～760	0.90	0.30	2.8

表 5-13 刘庄煤矿已开采煤层地表最大变形值

开采煤层	下沉值/mm		倾斜值/（mm/m）		曲率/（10^{-3} m）		水平变形值/（mm/m）		水平移动值/mm	
	后环评	原环评	后环评	原环评	后环评	原环评	后环评	原环评	后环评	原环评
5	3 651	3 448	20.51	11.14	0.18	0.053	9.35	5.02	1 095	1 034
6	1 043	990	5.86	3.16	0.05	0.015	2.67	1.44	313	297
8	2 173	2 052	13.50	7.74	0.10	0.044	6.15	3.53	652	616
11_{-2}	3 477	3 284	19.53	10.49	0.17	0.051	8.91	4.78	1 043	985
13_{-1}	4 868	4 598	28.46	14.69	0.23	0.071	12.47	6.70	1 460	1 379
合计	15 212	14 372								

④地表塌陷影响预测验证

根据新集矿区多年开采实测资料分析，新集矿区煤炭开采的地表沉陷规律符合概率积分法，矿井开采移动盆地走向主断面上的最大下沉、倾斜、移动、曲率和水平变形值，采用地表移动盆地内任意点的变形、塌陷影响预测，采用中国矿业大学开采损害及防护研究所 2009 年编制的煤矿地表沉陷（MSPS）计算机程序计算及煤矿地表沉陷计算机程序中基本计算公式，并自动绘制图形。

煤矿地表沉陷计算机程序中基本计算公式如下：

a. 地表任一点的下沉

$$W（X，Y）=W_0\iint W_{eoi}（X，Y）dxdy \quad （5\text{-}6）$$

式中，W_0—— 该地质采矿条件下的最大下沉值，mm；$W_0 = mq\cos\alpha$；

q—— 下沉系数；

m—— 煤层法线采厚。

式 5-6 也可以写为

$$W（x，y）=\frac{1}{W_0}\times W^{o}（x）\times W^{o}（y） \quad （5\text{-}7）$$

式中：W_0—— 走向和倾向均达到充分采动时的地表最大下沉值；

$W^{\circ}(x)$ —— 倾向方向达到充分采动时走向主断面上横坐标为 x 的点的下沉值；

$W^{\circ}(y)$ —— 走向方向达到充分采动时倾向主断面上横坐标为 y 的点的下沉值。

根据下沉表达式，可推导出地表（X，Y）的其他移动变形值。注意：除下沉外的其他移动变形都有方向性，同一点沿各个方向的变形值是不一样的，要对单元下沉盆地求方向导数，然后积分。

b. 地表倾斜沿φ方向的倾斜 i（x，y，φ）

设φ角为从 x 轴的正向沿逆时针方向与指定预计方向所夹的角度。

坐标为（x，y）的点沿φ方向的倾斜为下沉 W（x，y）在φ方向上单位距离的变化率，在数学上即为φ方向的方向导数，即

$$i(x,y,\varphi)=\frac{\partial W(x,y)}{\partial \varphi}=\frac{\partial W(x,y)}{\partial x}\cos\varphi+\frac{\partial W(x,y)}{\partial y}\sin\varphi \qquad (5\text{-}8)$$

可将式 5-8 化简为

$$i(x,y,\varphi)=\frac{1}{W_0}\times[i^{\circ}(x)\times W^{\circ}(y)\times\cos\varphi+i^{\circ}(y)\times W^{\circ}(x)\times\sin\varphi] \qquad (5\text{-}9)$$

c. 地表沿φ方向的曲率 k（x，y，φ）

坐标为（x，y）的点φ方向的曲率为倾斜 i（x，y，φ）在φ方向上单位距离的变化率，在数学上即为φ方向的方向导数，即

$$k(x,y,\varphi)=\frac{\partial i(x,y,\varphi)}{\partial \varphi}=\frac{\partial i(x,y,\varphi)}{\partial x}\cos\varphi+\frac{\partial i(x,y,\varphi)}{\partial y}\sin\varphi \qquad (5\text{-}10)$$

可将式 5-10 化简为

$$k(x,y,\varphi)=\frac{1}{W_0}[k^{\circ}(x)W^{\circ}(y)-k^{\circ}(y)W^{\circ}(x)]\sin^2\varphi+i^{\circ}(x)i^{\circ}(y)\sin_2\varphi]$$

（5-11）

d. 地表沿φ方向的水平移动 U（x，y，φ）

$$U(x,y,\varphi)=\frac{1}{W_0}\times[U^{\circ}(x)\times W^{\circ}(y)\times\cos\varphi+U^{\circ}(y)\times W^{\circ}(x)\times\sin\varphi] \quad (5\text{-}12)$$

e. 地表沿φ方向的水平变形$\varepsilon(x, y, \varphi)$

$$\varepsilon(x,y,\varphi)=\frac{1}{W_0}\{\varepsilon^{\circ}(x)\times W^{\circ}(y)\times\cos^2\varphi+\varepsilon^{\circ}(y)\times W^{\circ}(x)\times\sin^2\varphi+[U^{\circ}(x)\times i^{\circ}(y)+i^{\circ}(x)\times U^{\circ}(y)]\times\sin\varphi\cos\varphi\} \quad (5\text{-}13)$$

⑤验证预测结果

原环评 F14 断层以东地表塌陷总面积为 67.48 km^2，验证预测 F114 断层以东地表塌陷面积为 67.48 km^2，与原环评的地表塌陷范围完全相同（由于井田边界发生变化，地表塌陷影响范围位置也相应的发生了变化），但 2 m 以上的塌陷区发生了明显变化，原环评地表塌陷 2 m 以上的区域为 40.02 km^2，验证预测结果为 44.94 km^2。2 m 以上的塌陷范围增加了 4.92 km^2，增加了 12.29%，总体来说原环评的预测基本符合实际。

⑥全井田地表沉陷预测

在 2002 年环评时，预测地表沉陷范围为 F14 断层以西部分，F14 断层以东为后备区，当时环评未包括后备区，因此后评价对全井地表重新进行了预测，地表沉陷预测结果表明，刘庄煤矿全井田开采结束，地表沉陷面积为 74.54 km^2，其中 2 m 以上积水区面积为 51.63 km^2。

通过对红柳林、刘庄的地表沉陷预测验证发现，煤炭开采造成的沉陷实际影响范围和程度均大于预测阶段的影响范围和程度。下阶段周围井工矿环评报告开展沉陷预测时，可相应调整预测参数，使预测结果更符合实际。

5.2.2 地下水环境影响预测验证

5.2.2.1 验证方法

导水裂缝带是煤矿开采对含水层水位影响的关键，也是煤矿矿井水水量大小的关键因素之一。因此，地下水环境影响预测验证的重点是环评报告中水位、水量预测结果的验证及导水裂缝带发育高度的验证。

水位、水量的验证方法主要采用收集资料法，收集矿区各个开采阶段的常规观测孔台账数据、地质勘查报告及补充勘查报告等关于矿区地下水水位的数据，对数据进行拟合分析，确定地下水漏斗半径及影响范围、矿区涌水量，并与环评预测结果进行对比分析。

导水裂缝带高度的验证主要采用收集资料法，收集本矿或相邻矿井导水裂缝带观测资料（优先选择本井田的实测资料，其次是相邻井田或者周边井田的实测资料，选用非本井田的资料时，要保证类比的可行性，即保证采煤方法、开采煤层、上覆地层结构、地层类型等基本一致），将实测的导水裂缝带高度与环评阶段预测的高度进行对比分析。

5.2.2.2　典型案例

（1）红柳林

红柳林矿井（陕蒙宁风积沙区）地下水环境影响预测结果验证主要从导水裂缝带发育高度验证、导水裂缝带对含隔水层的影响验证、采煤对地下水资源的影响验证、采煤对居民用水井泉的验证。

①导水裂缝带发育高度验证

《陕西煤业集团有限责任公司红柳林矿井（变更）环境影响报告书》（以下简称《报告书》）编制时未有本井田采煤导水裂缝带发育高度的实测值，报告按设计煤层开采厚度（5^{-2}煤设计开采厚度为 6.0 m）、选用《建筑物、水体、铁路及主要井巷煤柱留设与压煤开采规程》（2000 年版）中推荐的公式模式（$H_{LI}=20\times(\sum M)^{0.5}+10$）进行了预测。本次后评价采用红柳林井田采煤导水裂缝高度实测结果（南一盘区裂采比为 9.19 倍、北一盘区裂采比为 10.83 倍），并根据目前井下实际煤层采高（南一盘区 7.0 m、北一盘区 6.3 m），对南一盘区和北一盘区已开采区采煤导水裂缝带高度进行核算，核算结果表明：北一盘区 5^{-2} 煤采煤导水裂缝带发育高度（考虑 3 倍采高保护层后）比原环评预测值增加 10.14 m、南一盘区比原环评预测值增加 3.71～32.84 m（表 5-14），原环评导水裂缝带高度预测模式已不适用。

表 5-14　原环评预测与实际导水裂缝带高度对比表（已开采区）

盘区	工作面	孔号	煤厚	原环评			后评价			变化
			5^{-2}煤/m	5^{-2}煤采厚	导水裂缝带/m	防水岩柱高/m	5^{-2}煤采厚	导水裂缝带/m	防水岩柱高/m	
北一	25201	2-7	7.85	6.0	58.99	76.99	6.3	68.23	87.13	10.14
	25202	1-3	7.25	6.0	58.99	76.99	6.3	68.23	87.13	10.14
	25203	2-6	7.54	6.0	58.99	76.99	6.3	68.23	87.13	10.14
	25204	322	8.07	6.0	58.99	76.99	6.3	68.23	87.13	10.14
	25204	3-5	7.4	6.0	58.99	76.99	6.3	68.23	87.13	10.14
	25205	2-5	8.1	6.0	58.99	76.99	6.3	68.23	87.13	10.14
	25206	1-2	7.85	6.0	58.99	76.99	6.3	68.23	87.13	10.14
	25206	327	7.83	6.0	58.99	76.99	6.3	68.23	87.13	10.14
	25207	2-4	7.4	6.0	58.99	76.99	6.3	68.23	87.13	10.14
	25207	321	6.68	6.0	58.99	76.99	6.3	68.23	87.13	10.14
南一	连采	H5-3-2	8.1	6.0	58.99	76.99	7	64.33	85.33	8.34
	15201	4-12	8.05	6.0	58.99	76.99	7	64.33	85.33	8.34
	15201	H5-5-1	7.19	6.0	58.99	76.99	7	64.33	85.33	8.34
	15202	209	7.73	6.0	58.99	76.99	7	64.33	85.33	8.34
	15202	5-7	7.43	6.0	58.99	76.99	7	64.33	85.33	8.34
	15202	6-12	7.1	5.2	55.61	71.21	7	64.33	85.33	14.12
	15203	4-11	7.79	6.0	58.99	76.99	7	64.33	85.33	8.34
	15203	5-6	6.74	6.0	58.99	76.99	6.74	61.94	82.16	5.17
	15204	7-8	6.8	2.6	42.25	50.05	6.80	62.49	82.89	32.84
	15204	6-11	7.1	6.0	58.99	76.99	7	64.33	85.33	8.34
	15205	4-10	7.8	6.0	58.99	76.99	7	64.33	85.33	8.34

盘区	工作面	孔号	煤厚	原环评			后评价			变化
			5^{-2}煤/m	5^{-2}煤采厚	导水裂缝带/m	防水岩柱高/m	5^{-2}煤采厚	导水裂缝带/m	防水岩柱高/m	
南一	15205	5-5	8.60	6.00	58.99	76.99	7.00	64.33	85.33	8.34
	15205	217	7.09	3.95	49.75	61.60	7.00	64.33	85.33	23.73
	15206	6-10	7.31	6.00	58.99	76.99	7.00	64.33	85.33	8.34
	15207	334	7.31	6.00	58.99	76.99	7.00	64.33	85.33	8.34
	15207	7-7	6.62	4.00	50.00	62.00	6.62	60.84	80.70	18.70
	15212	6-7	6.99	6.00	58.99	76.99	7.00	64.33	85.33	8.34
	15212	216	6.62	6.00	58.99	76.99	6.62	60.84	80.70	3.71
备注	原环评 5^{-2} 煤采厚 6.0 m（部分区段限制采高），导水裂缝带高度=20×（ΣM）$^{0.5}$+10；后评价南一盘区 5^{-2} 煤采厚为 7.0 m、裂采比为 9.19，北一盘区 5^{-2} 煤采厚为 6.3 m、裂采比为 10.83									

②导水裂缝带对含隔水层的影响结论验证

《报告书》预测，在采取局部地段限制采高的情况下，井田采煤导水裂缝发育高度主要位于煤层与保德组隔水层间基岩含水层，局部区域进入保德组隔水层，但未导通。

本次后评价根据已开采区导水裂缝带观测成果，对开采区导水裂缝带对各含隔水层的影响重新进行了分析，分析结果表明，北一盘区 5^{-2} 煤已开采区有 25202 工作面切穿保德组隔水层，25201、25203、25204 工作面附近导水裂缝带侵入保德组隔水层，但未切穿，其他已采工作面区采煤导水裂缝带未侵入保德组隔水层；南一盘区导水裂缝带在已开采八个工作面全部侵入保德组隔水层，15202、15204、15205、15207 四个面由于采高增大导水裂缝带切穿了保德组而侵入潜水含水层，对潜水含水层有较大影响。

③采煤对地下水资源的影响结论验证

《报告书》根据设计采高为 6 m 和局部地段采取限制采高的采煤工艺，以及井田地质勘探成果，确定矿井采煤地下水流失量为 11 041 m^3/d，这部分水大部分来自煤层上覆基岩含水层。

根据煤矿矿井涌水量统计结果，2010 年 3 月—2015 年 12 月 5^{-2} 煤开采矿井水产生量为 10.14 万～28.62 万 m^3/月（2015 年 8 月矿井突水为非正常情况，未计入），2016 年 1—7 月矿井水产生量为 24.62 万～28.8 万 m^3/月，矿井采煤实际造成的地下水流失量目前未超过原环评文件确定的 11 041 m^3/d（合 33.12 万 m^3/月）。另外，根据井田延安组、第四系潜水水位变化情况和浅层地下水流失量测算结果，2010 年 1 月—2016 年 7 月煤矿采煤造成首采区（南一、北一盘区）地下水流失总量为 1 426.92 万 m^3，其中浅层地下水流失量为 416.83 万 m^3，其余来自延安组地下水（煤层上覆基岩含水层）。

④采煤对居民用水井泉的影响结论验证

《报告书》采煤对居民用水井泉的影响结论为井田内村庄饮用水水源均采用浅层地下水，取水方式为打井或直接引泉水，全井田共有井泉 119 处，主要分布在芦草沟、毛沟和敖包沟。采取采高为 6 m、局部地段限制采高的措施后，防水岩柱顶面（采煤导水裂缝+保护层）没有贯通保德组隔水层，对第四系浅层地下水水量并没有实质性影响。由于沉陷裂缝和坡度变化对浅层地下水影响有较大不确定性，一般无法判断影响范围和程度，只能及时进行跟踪监测，出现问题采取措施解决。

本次后评价，对原地质勘探调查部分井泉进行现场监测和调查，调查发现：芦草沟泉群（南二盘区和西一盘区）、五磅石沟泉群（西一盘区）、马跑泉泉群（南二盘区）、毛驴滩泉群（南一盘区）、水头沟泉群（敖包沟内，南一盘区和北一盘区交界处）、肯铁令沟泉群（南一盘区）泉未干枯，采煤未对其产生大的影响；孟家马牙泉群（位于南一盘区及附近）、曹家伙盘泉群（北一盘区）、闫家圪堵泉群（位于北一盘区外）受采煤影响大，目前泉已干枯，由于煤矿对该区域居民实施了采前迁离，矿井采煤未造成居民用水困难等问题。

⑤对国华电厂水源的影响结论验证

《报告书》要求位于芦草沟内的国华电厂水源区下采煤采取保水采煤方案（限

制采高），目前矿井开采区距离水源区较远，国华电厂供水暂未受到影响。

原环评导水裂缝带的发育高度主要采用《建筑物、水体、铁路及主要井巷煤柱留设与压煤开采规程》中推荐的公式模式进行了预测，后评价阶段主要采用收集资料法收集导水裂缝带的实测结果（南一盘区裂采比为 9.19 倍、北一盘区裂采比为 10.83 倍），并根据目前井下实际煤层采高（南一盘区为 7.0 m、北一盘区为 6.3 m），对南一盘区和北一盘区已开采区采煤导水裂缝带高度进行核算，核算结果表明：北一盘区 5^{-2} 煤采煤导水裂缝带发育高度（考虑 3 倍采高保护层后）比原环评预测值增加了 10.14 m、南一盘区比原环评预测值增大 3.71～32.84 m，《三下采煤规程》推荐的预测模式不适用红柳林矿井。

（2）蒙东草原区Ⅰ露天矿

蒙东草原区Ⅰ露天矿地下水水位的验证是采用多元回归法模拟地下水漏斗趋势面的变化趋势，确定了地下水漏斗的最大直径、最低深度以及所处位置，将结果与预测结果进行对比分析。从模拟地下水漏斗的变化趋势来看，二期、三期环评认为地下水漏斗已基本稳定的结论与实际情况不相符，模拟结果显示，露天矿地下漏斗随着采掘面及规模的变化而变化，目前逐渐向东移动；从漏斗影响范围来看，一期环评结论与模拟结果基本相符，截至后评价阶段最大漏斗影响范围达到 34 km^2，与一期预测结论范围 28～30 km^2 相差不大，二期环评结论认为不会影响更大区域的地下水与模拟结果有所出入，随着开采规模的扩大及采掘面向东移动，地下水漏斗的影响范围仍将波及更大区域，而三期环评的预测结论通过模拟结果无法得到验证。

通过对典型案例分析，红柳林矿井导水裂缝带高度的预测不适用《三下采煤规程》（2000 年版）推荐的预测模式，预测结果与实际结果偏差较大；Ⅰ露天矿一期环评时地下水漏斗半径及范围的预测结论与实际基本相符。后期开展环境影响评价时，红柳林矿井附近地下水导水裂缝带发育高度的预测模式需要进行调整，Ⅰ露天矿地下水漏斗半径及范围的预测可参考一期环评预测模式及参数。

5.2.3 小结

地表沉陷的预测验证和地下水环境的影响预测验证主要采用收集资料法。

井工煤矿开采会造成地表沉陷，环评报告及批复要求矿区建设地表岩移观测站，后评价报告需基于地表岩移观测数据分析评价井工煤矿开采造成的生态环境影响。通过后评价典型案例总结发现，有部分矿井（哈拉沟、锦界等）未落实环评报告及批复的要求，未设立地表岩移观测站，造成后评价报告基础数据缺失。地下水环境影响预测验证预测基于地下水水位观测井及导水裂缝带高度观测井的实测数据，否则无法进行地下水环境影响预测验证。通过现有后评价案例总结发现，因为部分矿井未开展地下水水位动态观测及导水裂缝带高度观测（黑岱沟及潘三矿等），所以后评价基础数据缺失。

第 6 章

后评价开展时间因子探讨

6.1 环境影响后评价开展时间选择

6.1.1 煤矿后评价开展时间选择探讨的由来

2016 年 1 月 1 日起开始实施的《建设项目环境影响后评价管理办法（试行）》（环境保护部令　第 37 号）第二条规定：“环境影响后评价是指编制环境影响报告书的建设项目在通过环境保护设施竣工验收且稳定运行一定时期后对其实际产生的环境影响以及污染防治、生态保护和风险防范措施的有效性进行跟踪监测和验证评价，并提出补救方案或者改进措施，提高环境影响评价有效性的方法与制度。”建设项目在竣工后或者稳定运行后应依据具体情况，由建设单位组织环境影响后评价或者由原环境影响评价文件审批部门责成建设单位进行环境影响的后评价。

煤炭开采方式有井工开采和露天开采两种，目前绝大多数煤矿采用井工开采方式。煤矿项目的环境影响具有工业污染和生态影响的双重特点。除具有一般传统工业的污染特点，即产生废水、废气、噪声、固体废物，可能污染环境空气、地表水、地下水、土壤及影响声环境质量外，还具有一般传统工业不具有的非污染生态影响特点，井工矿采煤沉陷或露天矿挖损、排土引起的井田范围生态破坏及含水层破坏，且影响延续时间长、范围大。

煤矿项目的服务年限少则几十年，多则上百年，其非污染生态影响具有潜在性、长期性、累积性，且不易量化，在项目投产初期，非污染生态影响往往仅在首采区或首采区的局部区域有所表现，并不能真正代表项目实施后的非污染生态影响的实际影响。

正因为煤矿项目的上述环境影响特点，需要对煤矿项目实施一定时间后的实际环境影响进行跟踪调查和评价，即后评价，以弥补项目筹备阶段环境影响评价和项目投产试运行阶段竣工环境保护验收调查的不足。而其中后评价时机的选择尤为重要。

而《环境影响评价法》第 27 条及《建设项目环境影响后评价管理办法（试行）》第二条都没有给出“一定时期”具体的时间范围，环境影响后评价开展时间节点的选择不能过早，因为煤矿项目建设和生产周期较长，在刚刚进行过环保验收后 1～2 年时，项目实际影响并未完全显现；但是后评价开展时间也不能过晚，过晚就不能及时为项目不同阶段实际产生的影响做出恰当评价，以及对环保措施进行完善提供重要信息。因此，开展后评价时间节点的选择是本节探讨内容的重点。

6.1.2 煤矿生态影响特点影响后评价开展时间选择

一般生态类建设项目（如公路、铁路、管道、港口等）的环境影响主要发生在施工建设期间，施工活动带来的临时占地和项目建设造成的永久占地不可避免地对地表植被、土壤、地表径流、动物栖息地形成不良影响，在施工期间若采取有效措施可以减缓或避免相关影响，在施工结束后继续采取恢复措施，相关影响可在短期内恢复正常状态。而煤矿建设项目除具有一般生态类建设项目施工期生态影响特点外，又具有服务周期长、生态影响范围广、生态影响贯穿于整个生产过程等特点，其生态影响主要表现为生产过程中地表沉陷、地表挖损、排土排矸堆弃导致土地资源的破坏、地形地貌破坏、水资源损失、地表影响（如植被、构筑物及地貌）的破坏等。

（1）土地资源的破坏

由于地表下沉、倾斜使得原有地形地貌被改变，导致土壤侵蚀和水土流失，在中西部黄土丘陵沟壑区尤为突出；在地下水水位埋深较浅的地区，地表沉陷使得原有耕地变成永久积水区，丧失耕作功能，如两淮等高潜水位地区；露天煤矿对地表、地貌的彻底损毁，对土地资源破坏更为严重，无论是地表沉陷还是露天挖损以及地表堆存，这些均使我国土地资源日益减少。

（2）地下水资源的损失

我国井工煤矿开采大多是采用的走向长壁全部垮落法管理顶板，因此，下沉系数大、沉陷深度大，对地下水影响大。煤矿项目地下水资源的损失主要表现在疏干排水造成地下水水位下降，浅中层地下水水位的下降也将加重地表沉陷程度，而深层地下水的影响表现为将地下水资源以矿井水形式排出。另外，我国大部分煤矿位于缺水地区，采煤强度的加剧加速了水资源的短缺。

（3）地表构筑物的影响

地表沉陷对井田内地表构筑物破坏性较大，造成的社会影响较为严重，特别是井田内、露天采矿规划范围内的村庄，均需进行村庄搬迁，搬迁带来的环境和社会问题。如搬迁用地的规划选址、失去耕地的移民就业安置、集中安置区环境承载力等。特别是东部地区，沉陷区形成大面积积水区，使“农民”变“渔民”，社会、环境问题均较为突出。

6.2　多角度探讨煤炭项目后评价开展时间选择与服务周期

6.2.1　基于不同开采方式探讨煤炭项目后评价时间选择

6.2.1.1　井工开采典型矿区沉陷预测时间与实测数据整理

（1）典型矿区沉陷预测时间整理

针对煤矿开采方式不同，地表沉陷是井工煤矿开采过程中由于地下采动造成地表破坏的主要表现形式。在沉陷过程中，位于沉陷影响范围内的地下水、土地、植被、建（构）筑物等都将受到不同程度的影响。因此，本书将地表沉陷时间作为井工煤矿环境影响后评价时机介入的参照。

地表上受开采影响的点，从下沉开始至结束（重新稳定）有一个时间过程，这一过程与工作面开采速度、回采深度及开采厚度等一系列因素有关。根据《建筑物、水体、铁路及主要井巷煤柱留设与压煤开采规程》（2000 年），地表移动延续时间分为初始期、活跃期和衰退期，地表移动延续时间 T 可以用式（6-1）表达：

$$T=t_1+t_2+t_3 \tag{6-1}$$

式中：t_1——移动初始期的时间；

t_2——移动活跃期的时间；

t_3——移动衰退期的时间。

在无实测资料的情况下，地表移动的延续时间（T）可根据式（6-2）计算：

$$T=2.5\ H_0\ (d) \tag{6-2}$$

式中，H_0——工作面平均采深，m。

从环评报告书的沉陷预测地表移动持续时间总结来看，地表移动持续时间一般在 2 个月～4a，即 4a 内基本趋于稳定状态。当开采深度小于 100 m 时，地表移动持续时间为 5～9 个月；当开采深度为 100～300 m 时，地表移动持续时间为 13～23 个月；当开采深度为 300～500 m 时，地表移动持续时间为 2～3a；当开采深度为 500～1 000 m 时，地表移动持续时间在 3～5a。各大基地各大煤矿环评文件沉陷预测时间具体情况见表 6-1。

表 6-1　不同基地不同矿区各井田环评文件沉陷预测时间情况

基地名称	矿区名称	井田名称	首采工作面采深（平均开采深度或区间）/m	地表移动持续时间	
				d	a
神东基地	神东矿区	大柳塔煤矿	108～121	270～302.5	0.74～0.83
		榆家梁煤矿	30～150	75～375	0.21～1.03
		哈拉沟煤矿	22.4～119.1	56～297.75	0.15～0.82
		上湾煤矿	87～124	217.5～310	0.60～0.85
		补连塔煤矿	88～135	220～337.5	0.6～0.92
		万利一矿煤矿	88～308	220～770	0.6～2.11
		保德煤矿	368.4	921	2.52
		寸草塔煤矿	51～312	127.5～624	0.365～1.71
		黄玉川煤矿	277～286.5	692.5～716.25	1.90～1.96
		红柳林煤矿	154	385	1.05
	上海庙矿区	长城六号煤矿	640	1 600	4.38
	府谷矿区	万涯沟煤矿	83.22～219	208～547.5	0.57～1.50
		盛海煤矿	140～200	350～500	0.96～1.37
		沙梁煤矿	32.76～215.6	81.9～539	0.22～1.48
		海则庙煤矿	100～600	250～1 500	0.68～4.11
		福庆煤矿	84～179	210～447.5	0.58～1.23
		华成煤矿	66.6	166.5	0.46
		瓦窑坡煤矿	70～210	175～525	0.48～1.44
		下韩梁煤矿	53～144	132.5～360	0.36～0.99
		丈八崖二矿	105～169	262.5～422.5	0.72～1.16
		石窑店煤矿	160	400	1.10

基地名称	矿区名称	井田名称	首采工作面采深（平均开采深度或区间）/m	地表移动持续时间	
				d	a
宁东基地	鸳鸯湖矿区	红柳矿井（一区）	374～807.2	935～2 018	2.56～5.53
		红柳矿井（二区）	591.2～935.2	1 478～2 338	4.05～6.41
晋中基地	西山矿区	高家塔煤矿	430	1 075	2.95
	霍州矿区	庞庞塔煤矿	100～350	250～875	0.68～2.40
	汾西矿区	贾郭煤矿	300	750	2.05
	离柳矿区	双柳煤矿	309～393	772.5～982.5	2.1～2.7
晋北基地	平朔矿区	芦家窑煤矿	255	550	1.5
蒙东基地	霍林河矿区	霍林河煤矿	352～392	880～980	2.41～2.68
	伊敏矿区	伊敏河东矿区第一煤矿	275.6	689	1.89
新疆基地	昌吉白杨河矿区	白杨河煤矿	96～576	240～1 440	0.6～3.95
	大井矿区	准东煤田大井矿区二号矿井	420～700	1 050～1 750	2.88～4.79
云贵基地	盘江矿区	松河矿井	130～900	325～2 250	0.89～6.16
	六枝黑塘矿区	化乐井田	420～480	1 050～1 200	2.88～3.29
黄陇基地	铜川矿区	西川煤矿	218～560	545～1 400	1.49～3.84
陕北基地	榆神矿区	香水河矿井	84～200	210～500	0.58～1.37
		张三沟煤矿	69.11	173	0.47
		新阳煤矿	40～250	100～625	0.27～1.71
		升富矿业	150～215.2	375～538	1.03～1.48
		王塔煤矿	49.64	124.1	0.34
		刘家峁煤矿	96.4～143.2	241～358	0.66～0.98
		石岩沟煤矿	87～224	217.5～560	0.6～1.53

基地名称	矿区名称	井田名称	首采工作面采深（平均开采深度或区间）/m	地表移动持续时间	
				d	a
陕北基地	榆神矿区	新窑煤矿	156～216	390～540	1.07～1.48
		柳巷矿井	255.2～355.2	638～888	1.75～2.43
		恒辽矿业	40～140	100～350	0.27～0.96
		麻黄梁井田	80～96	200～240	0.55～0.66
		宝兴源矿业	120.95～205.02	302.38～512.6	0.83～1.41
		华府煤矿	116～156	290～390	0.79～1.07
		柠条塔矿井	146～306.6	365～766.5	1.0～2.1
		张家峁矿井	35.04～243.84	87.6～609.6	0.24～1.67
		何家塔煤矿	68.62～208.87	171.6～522	0.47～1.43
		隆德矿业	129～162	322.5～405	0.88～1.11
		白鹭煤矿	125.6～138.7	313.9～346.8	0.86～0.95
		大贝峁煤矿	125.83	315	0.86
		四门沟煤矿	71.54～178.12	178.8～445.3	0.49～1.22
		新圪崂煤矿	49.64～67.16	124.1～167.9	0.34～0.46
		阴湾煤矿	78.84～198.56	197.1～496.4	0.54～1.36
		正和煤业	172	430	1.18
		海湾煤矿	115～133	287.5～332.5	0.79～0.91
		飞马梁煤矿	106.24	265.6	0.73
		硕嘉湾矿业	84.68～205.86	211.7～514.7	0.58～1.41
		炭窑渠煤矿	87.6	219	0.6
		东安煤矿	52～84	130～210	0.36～0.58
		天瑞煤矿	75.5～264	188.8～660	0.52～1.81
		锟源矿业	95～268	237.5～670	0.65～1.84
		升富煤矿	150～215.2	375～538	1.03～1.48
		常家梁煤矿	282.5	791	2.17

基地名称	矿区名称	井田名称	首采工作面采深（平均开采深度或区间）/m	地表移动持续时间	
				d	a
陕北基地	榆神矿区	大圪达煤矿	28.8～32.4	72～81	0.20～0.22
		锦界三期	102～180	255～450	0.70～1.23
		隆岩煤矿	56～210	140～525	0.38～1.44
		三道峁煤矿	35～123	87.5～307.5	0.24～0.84
		崔家沟煤矿	112～287	280～717.5	0.77～1.97
		燕家塔煤矿	59～162	147.5～405	0.40～1.11
		大湾煤矿	144.8	362	0.99
		七山煤矿	179.6	449	1.23
		榆树湾煤矿	110～300	275～750	0.75～2.05
	榆横矿区	大海则矿井	572～609	1 430～1 522.5	3.92～4.17
		可可盖井田	505	1 262.5	3.46
		乌苏海则井田	440～605	1 100～1 512.5	3.01～4.14
		红石桥井田	420～585	1 050～1 462.5	2.88～4.00
		西红墩井田	400～445	1 000～1 112.5	2.74～3.05
		波罗井田	235	587.5	1.61
		二石磕煤矿	90～125	225～313	0.62～0.86
		高兴庄煤矿	150～162	375～405	1.03～1.11

（2）典型矿区沉陷实测整理

地表移动持续时间（移动总时间）是指在充分采动或接近充分采动的情况下，地表下沉值最大的点从移动开始到移动稳定所持续的时间。移动持续时间应根据地表最大下沉点求定，因为在地表移动盆地内各地表点中，地表最大下沉点的下沉值最大，下沉的时间最长。苏联阿威尔辛按照下沉速度大小及对建筑物影响的程度不同，将地表点的移动过程分为三个阶段。

开始阶段：下沉量达到 10 mm 的时刻为移动开始时刻。从移动开始至下沉速度刚达到 1.67 mm/d（50 mm/月）时刻为移动开始阶段。

活跃阶段：下沉速度大于 1.67 mm/d（50 mm/月）的阶段。由于在该阶段内，地表点的下沉值占总下沉值的 85%～95%，地表移动剧烈，是地表建筑物损坏的主要时期，因此该阶段也称为危险变形阶段。

衰退阶段：下沉速度刚小于 1.67 mm/d（50 mm/月）起至 6 个月内地表各点下沉累积不超过 30 mm 时为移动衰退阶段。

开始阶段、活跃阶段、衰退阶段这三个阶段的时间总和，称为移动过程总时间或移动持续时间。

影响地表移动持续时间的因素主要是岩石的物理力学性质、开采深度、开采范围、工作面尺寸和工作面推进速度。一般规律为开采深度越大、覆岩越坚硬，地表移动持续时间越长。当采深在 100～200 m 时，地表持续移动时间一般为 1～2 a，有的可达十几年，但大多数不超过 5 a。

根据《三下采煤规程》（2000 年版）附录五提供的较完整的 208 个工作面地表移动实测参数，包含各基地不同矿区实际地表移动时间和活跃期，本次对这些实测数据进行整理（表 6-2）。

表 6-2　全国不同基地不同矿区地表移动时间情况

基地	矿区	总移动期		活跃期	
		d	a	d	月
神东基地	包头	134～950	0.37～2.60	41～135	1.37～4.5
蒙东基地	扎赉诺尔	350～360	0.96～0.99	120	4
	平庄	483～850	1.32～2.33	144～545	4.8～18.17
	阜新	147～692	0.40～1.90	54～187	1.8～6.23
	铁法	394	1.08	213	7.1
	沈阳	240～1 680	0.66～4.60	150～480	5～16
	鹤岗	181～210	0.50～0.58	45～105	1.5～3.5

基地	矿区	总移动期		活跃期	
		d	a	d	月
晋中基地	西山	140～398	0.38～1.09	41～180	1.37～6
冀中基地	峰峰	241～509	0.66～1.39	101～180	3.37～6
	开滦	540～2 304	1.48～6.31	330～756	11～25.2
河南基地	焦作	200～450	0.55～1.23	120～285	4～9.5
	鹤壁	98～393	0.27～1.08	42～177	1.4～5.9
	平顶山	300～384	0.82～1.05	210	7
	义马	318～670	087～1.84	105～195	3.5～6.5
晋东基地	阳泉	145～450	0.40～1.23	60～165	2～5.5
两淮基地	淮北	132～510	0.36～151	67～318	2.23～10.6
鲁西基地	兖州	295～550	0.81～1.51	95～370	3.17～12.33
黄陇基地	澄合	360	0.99	270	9

另外，大柳塔煤矿工作面回采影响期间，在浅煤层综采一次采全高条件下地表移动初始期较短，为 21 d 左右，活跃期相对较长，为 128 d，其中剧烈活动期（下沉速度大于 12 mm/d）持续时间仅为 66 d，地表下沉速度较大，Z30 点最大下沉速度为 236 mm/d；衰减期为 162 d，地表移动持续总时间约 311 d。

从表 6-2 数据来看，地表移动持续时间在 0.5～2 a 居多的煤矿较多，单活跃期有较大区别；分区来看，晋陕蒙宁地区包含神东、陕北、晋中、晋北等基地，实测地表移动总时间为 0.37～2.6 a，活跃期为 1.37～6 个月，两淮、鲁西地区等基地，实测地表移动总时间为 0.36～1.51 a，活跃期为 2.33～12.33 个月，蒙东地区煤炭基地实测地表移动总时间为 0.4～4 a，活跃期为 1.5～18.17 个月。

可见，晋陕蒙宁地区，活跃期集中在 2～6 个月，两淮、鲁西地区地表移动总时间在 0.5～1.5 a，活跃期为 3 个月到 1 a，其总移动时间短且活跃期占比较大，蒙东地区地表移动总时间在 0.5～5 a，活跃期为 2 个月～1.5 a，移动持续时间较长但活跃期占比较小。

通过对地表移动持续时间的分析发现，在地质采矿条件相似的情况下，工作面的推进速度对地表移动的初始期以及初始期末至地表下沉速度最大值的时间影响较大，而活跃期和衰退期持续时间受工作面推进速度的影响相对较小。

6.2.1.2　井工煤矿环境影响后评价时机选择及案例分析

（1）井工煤矿环境影响后评价时机选择

针对井工煤矿开采特点及沉陷规律，对环境影响评价报告中对沉陷时间的预测，以及实际建设项目地表岩移观测站实测数据分别进行整理分析，环境影响评价报告中对沉陷时间的预测是根据《建筑物、水体、铁路及主要井巷煤柱留设与压煤开采规程》中公式 T=2.5 H_0（H_0 为工作面平均采深）计算，预测出的地表移动持续时间一般在 2 个月～4 a，即 5 a 内基本趋于稳定状态；而根据地表岩移观测站实测数据来看，总移动时间比预测总时间稍短，且活跃期占总移动时间比例呈现分区特征，晋陕蒙宁地区总移动时间稳定在 4 a 内，活跃期占比较少，两淮、鲁西地区总移动时间较短，基本在 2～3 a，但活跃期占比较大。

（2）案例分析——以红柳林煤矿为例

陕西煤业集团有限责任公司红柳林矿井，矿井采用斜井开拓方式，井田划分为 5 个盘区，分东、西两部分，东部自主、副斜井井底起至井田西一盘区边界沿 5^{-2} 煤层东西向布置集中大巷，大巷南、北两侧各划 2 个盘区，各煤层大巷之间通过斜巷或煤仓联系。

红柳林煤矿建设项目于 2005 年 12 月（开工建设前）编制了《陕西煤业集团有限责任公司红柳林矿井环境影响报告书》（规模 10.0 Mt/a），2006 年 3 月 7 日获环境保护总局批复（环审〔2006〕97 号）；2008 年 11 月编制了《陕西煤业集团有限责任公司红柳林矿井（变更）环境影响报告书》（规模 12.0 Mt/a），2008 年 12 月 15 日获环境保护部批复（环审变办字〔2008〕60 号）；2010 年 10 月编制了《陕西煤业集团有限责任公司红柳林矿井竣工环境保护验收调查报告》（规模 12.0 Mt/a），2011 年 1 月 7 日获环境保护部批复（环验〔2011〕9 号）。2012

年 12 月，陕西省煤炭科学研究所依据专业检测机构在对煤矿主要设备的检测报告、现场勘查、现场资料的基础上，依据煤矿生产能力核定标准和有关文件规定，对红柳林煤矿资源保障程度、矿井提升系统、井下排水系统、供电系统、采掘工作面、通风系统、地面生产系统及选煤厂等主要系统进行了生产能力核定，编制了《陕煤集团神木红柳林矿业有限公司生产能力核定报告书》，核定红柳林煤矿生产能力为 15.0 Mt/a。2012 年 12 月 12 日，陕西省煤炭生产安全监督管理局以（陕煤局发〔2012〕262 号）同意红柳林煤矿生产能力核定为 15.0 Mt/a。2015 年 12 月，陕西省煤炭科学研究所编制了《陕煤集团神木红柳林矿业有限公司生产能力核定报告书（修改）》，核定红柳林煤矿生产能力为 18.0 Mt/a，2015 年 12 月 29 日陕西省煤炭生产安全监督管理局以（陕煤局发〔2015〕97 号）核定矿井生产能力为 18.0 Mt/a。

虽然红柳林煤矿生产规模在逐步增加，但所采煤层以及开采深度没有发生变化，原环境影响报告中首采工作面平均开采深度为 154 m，若根据《建筑物、水体、铁路及主要井巷煤柱留设与压煤开采规程》中公式 $T=2.5H_0$，预测地表移动持续时间为 385 d，若按照矿井建设位置，红柳林矿井位于神东基地的神东矿区，按照实测数据推定，可以在验收竣工完成后 3～5 a 进行，后评价开展时间推定情况表见表 6-3。

表 6-3 红柳林煤矿各时段时间节点情况

时间节点		竣工验收	15.0 Mt/a 达产	18.0 Mt/a 达产
		2011 年	2012 年 12 月 12 日	2015 年 12 月 29 日
时间跨度	预测时间	385 d	385 d	385 d
	推定时间	2～4 a	2～4 a	2～4 a
预计开展时间	预测时间	2012 年	2014 年 1 月 1 日	2017 年 1 月 17 日
	推定时间	2013—2015 年	2014 年 12 月 12 日—2016 年 12 月 12 日	2017 年 12 月 29 日—2019 年 12 月 29 日

根据红柳林项目建设发生的部分改变，5^{-2} 煤工作面采高变大，南一盘区采高由 6.0 m 增加至 7.0 m，北一盘区采高由 6.0 m 增加至 6.3 m；4^{-2} 煤工作面采高由 2.35 m 减小至 2.0 m，由于地表移动变形值既与采厚成正比，又与采深成反比，所以，常用深厚比（H/m）来衡量开采条件对地表沉陷影响程度的大小。深厚比越大，地表移动变形值越小，移动变形就越平缓；深厚比越小，地表移动变形就越剧烈。红柳林煤矿 5^{-2} 煤工作面深厚比由竣工验收时期的 25.67 变小至 22，4^{-2} 煤工作面深厚比由竣工验收时期的 65.53 变大至 77，变化幅度较小，对沉陷预测时间和推定时间影响较小。

红柳林煤矿于2016年9月委托原环境保护部环境工程评估中心开展环境影响后评价，环境影响后评价总结论为“红柳林煤矿投入运营以来，燃煤锅炉大气污染物、生产环节粉尘长期稳定达标排放；污废水全部经过处理设施处理，处理后部分矿井水、生活污水排放未对地表水环境产生大的影响；工业场地和风井场地厂界噪声有超标现象，但超标区内无声环境敏感建筑；固体废物全部采取措施妥善处理；受开采沉陷影响的居民在开采前实施了迁离，沉陷区土地损害采取了补偿、充填裂缝、整平台阶、土地复垦等生态综合整治措施，生态环境不利影响得到缓解；采煤对已开采区地下水影响较大，受影响居民在采煤前实施了迁离，居民供水未受影响。从环境保护角度出发，煤矿运行已产生的环境影响可接受。”并于 2017 年 4 月提交红柳林煤矿环境影响后评价报告。

6.2.1.3　露天煤矿环境影响后评价时机选择

露天煤矿采煤过程中的地表挖损对原始地形地貌、地质层组、水文沟道、植被生物群落等其他地表要素破坏较大，开采过程中排弃的大量废弃岩土被堆弃在地表。另外，矿区生产附属建设如工业广场、办公区、洗煤厂、厂房、运输设施等建设也大量占地，对植被破坏较大；这些对土地进行大量地“挖—堆—占”使地形地貌发生彻底改变，海拔、坡度、坡向、坡形、地表面积、水文特征以及地貌景观等随之改变，在项目稳定运行一段时期后，通过对排土场及采坑的复垦工作，对扰动区域进行地貌重塑、土壤重构、植被重建，使其逐渐达到相对稳定状态。

（1）外排转内排作为后评价时机可行性分析

露天煤矿由于对原地形地貌等的彻底扰动，其生态环境影响评价的重点应为生态系统的可恢复性以及恢复生态系统的稳定性分析，鉴于我国露天煤矿多分布于干旱、半干旱生态脆弱区，且由于达到内排的时间相对较长。因此，本书对我国典型露天煤矿外排土场地貌重塑时间进行调研、分析，从而分析在外排结束达到生态恢复条件时开展首采环境影响后评价的可行性。

根据多个露天煤矿环境影响评价报告书总结，不同煤炭基地的不同露天煤矿外排转内排时间见表 6-4。

表 6-4 露天煤矿外排转内排时间情况

基地名称	矿区名称	矿区名称	产能/（Mt/a）	外排转内排时期（即实现全部内排）
新疆基地	西黑山矿区	北山煤矿	4.0	达产第 8 年
		奇台西黑山露天煤矿	6.0	达产第 31 年
		将军隔壁二号矿	10.0	达产第 6 年
		黑山头煤矿	4.0	达产第 13 年
		红沙泉煤矿	10.0	达产第 3 年
	五彩湾矿区	五彩湾三号煤矿	20.0	达产第 16 年
		宜化五彩湾露天矿	1.45	达产第 15 年
	大井矿区	准东煤田吉木萨尔县南煤矿	10.0	达产第 12 年
晋中基地	河保偏矿区	梁家硕煤矿	3.0	达产第 14 年
陕北	榆神矿区	西湾煤矿	10.0	达产第 5 年
蒙东基地	大雁矿区	扎尼河煤矿	6.0	达产第 3 年
	宝日希勒矿区	宝日希勒矿	10.0	达产第 3 年

从表 6-4 可见，不同煤炭基地的不同露天煤矿外排转内排的时长差距较大，而且目前大部分露天煤矿排土场采用边开采边复垦，对排土场的边坡及台阶稳定性管理力度较好，管理较好的露天煤矿形成“剥离—采掘—运输—排弃—整形—复垦”一体化工艺，在生态环境允许的条件下，矿区外排时间很长，甚至达到 30 年以后全部实现内排。可见，以露天煤矿外排转内排为节点作为环境影响后评价时机的可行性不高。

（2）露天煤矿环境影响后评价时机的选择分析

①环境趋好

由于露天煤矿对地表破坏面积大，彻底破坏了建设地的地形地貌以及植被群落等（表 6-5），且不同区域、不同地形状况下外排转内排时间长短差距较大，开展环境影响后评价时间不可一概而论，应根据煤矿所处地区不同而进行差异化管理。参照井工煤矿后评价时机选择，后评价适宜在项目稳定运行后 2～5 a 开展，根据露天煤矿所在地区生态敏感性差异，探讨认为，原则上处于生态敏感性地区的露天煤矿在项目稳定运行后 2～3 a 环境状况逐渐趋好，可以考虑开展环境影响后评价，其余在项目稳定运行后 4～5 a 环境状况逐渐趋好，可以考虑开展环境影响后评价。

表 6-5　露天煤矿生态影响特征情况

	建设期	运营期	闭矿期
主要影响	土地利用性质被改变，导致气候干旱、土壤沙化和自然景观改变。大面积的地表剥离，原植被被破坏，土壤被侵蚀，村庄被搬迁，地形地貌被破坏，原有的自然景观难以复原。 排土场占用土地造成污染。剥离土石方中含有大量重金属，污染了周边环境。裸露堆放引发粉尘污染。占用土地导致可用土地减少及被污染	露天煤矿排水引发水资源问题。常年的排水疏干，导致地下水水位下降，引发水岩作用污染了地下水；矿坑含有重金属导致排水污染了地表水	废弃矿坑由于地质构造、地表水和地下水以及边坡岩体性质问题的作用，容易引发泥石流、山体塌陷及缓坡等问题，给周边居民埋下了安全隐患
主要措施	地形、地貌重塑；土地复垦；植被恢复	提高水资源综合利用	地质灾害设施；监控系统

②分区开采

就大型露天矿而言，为减少基建剥离量，尽快实现内排，减少外排土场占地，缩短内排运距，一般都采用分区开采。对于大型露天煤矿分区开采的，一个采区终了时可以考虑开展一次环境影响后评价工作，由于采取转换时间各不相同、差异较大，具体时间需结合实际情况进行确定。

（3）典型矿区环境影响后评价实例分析

神华集团内蒙古准格尔能源有限公司黑岱沟露天矿，位于内蒙古自治区鄂尔多斯市准格尔旗薛家湾镇，1999 年建成投产，一期建设规模为 12.0 Mt/a；二期规模为 20.0 Mt/a。二期服务年限为 66 a。

该工程一期工程 1992 年 7 月开工，1996 年 7 月竣工试生产，1999 年 10 月国家正式验收，投入生产，建设规模为 12.0 Mt/a，服务年限为 115 a；截至 2002 年年末累计生产煤炭 32.03 Mt，完成剥离量 223.88 Mm^3；二期工程于 2004 年开工建设，建设规模为 20.0 Mt/a（比一期工程净增 8.0 Mt/a），服务年限为 66 a，2008 年达到设计产量。

目前，二期工程启用阴湾排土场，新增东沿帮排土场；扩建期剥离物运至东沿帮排土场和内排。达产期大部分剥离物实现内排，只有少部分黄土排向阴湾排土场和西排土场堆放。北排土场已完成了植被恢复工作；东沿帮排土场、西排土场和东排土场正在进行植被恢复；阴湾排土场目前正在排土，同时在实施内排。

黑岱沟煤矿原地貌类型为中西部黄土丘陵沟壑区，生态系统有退化典型草原和农田生态两大类型。其中，草原生态系统其群落结构组成较为简单，经过多年运行以及生态建设后，原来的自然草原和农田生态系统发生较大变化，以半灌木为主的草原被以草本为主的人工草地植所代替。其人工生态系统有人工乔木林生态系统、灌木林生态系统、人工草地生态系统、人工乔灌草生态系统。

根据 2011 年环境影响后评价调查结果，撂荒地（复垦地）植被自然恢复顺序为“裸地（经 1～3 a）→狗尾草、小画眉草、猪毛菜、沙蓬等（再经 4～6 a）→油蒿、阿尔泰狗娃花等（再经 3～5 a）→百里香+油蒿、阿尔泰狗娃花、牛枝子等（再经 3～5 a 或 11～19 a）”也基本符合现场调查结果，至于最终是否形成顶级群落“百里香+本氏针茅”目前还在观察。

黑岱沟煤矿二期 2008 年达产，根据所处地区属于生态敏感性区域，建议在稳定运行 2～4 a 后进行环境影响后评价工作，从 2011 年进行的环境影响后评价效果来看，时机较为合适。

6.2.2　基于影响初步显现时间探讨煤炭项目后评价时间选择

煤矿开采会造成的地表沉陷以及大面积土地挖损，从而引起较大的生态问题，为减轻地表沉陷影响，目前控制和减轻地表沉陷的主要技术途径有充填开采（采空区充填、离层带注浆充填、垮落岩块空隙充填等）、部分开采（条带开采、房柱式开采、限面积开采等）、保水开采等；露天采煤主要以边坡治理为主，但是这些措施和技术的实施无疑会增加开采成本、降低回采率，造成经济利益下降，在实际工作中难以落实。即使采取了这些措施也仅仅是减缓影响，不能完全消除开采所带来的影响，因此在竣工环保验收调查后 3 a 内开展环境影响后评价过早，主要表现在以下几个方面。

（1）验收调查阶段沉陷尚未形成，生态保护措施无法全部落实

煤矿开采引起的地表沉陷需要一定的稳定时间，而不同水平的煤层开采往往又造成地表的重复沉陷，因此给生态综合整治带来一定的时间限制。根据目前建设项目竣工环境保护验收的相关规定，工程在试运行 3 个月内要向环保行政主管部门申请竣工环保验收，但是此时沉陷尚未形成。即便对煤层埋深较浅、地层岩性不稳定的井田来说，3 个月的沉陷表现也仅仅为地表裂缝，沉陷尚未稳定，生态治理也只能局限于局部充填裂缝，不能实施大规模的综合整治。在目前验收调查中也仅仅调查建设单位所制订的生态治理或恢复计划等相关文件，并通过类比调查其生态治理方案实施的可行性，不能从客观上反映其生态治理效果。因此，在验收完成后 3 a 内，沉陷影响也显现较慢，不同煤矿验收沉陷等生态影响显现情况见表 6-6。

表 6-6 不同开采方式下煤矿生态影响显现程度及监控措施情况一览表

矿井类别	项目名称	时间节点			生产能力/（万 t/a）		生态影响显现程度	是否建立岩移观测站或是否边采边修复
		环评批复	主体完工	验收调查	设计	实际		
井工煤矿	林华矿井	2006 年 1 月	2010 年 9 月	2011 年 3 月—2014 年	150	120	从现场调查情况来看，本井田首采区工作面上方的地表沉陷形态尚不明显。由于沉陷程度较轻，且沉陷尚不稳定，目前还不具备综合治理的条件，环评和批复中提出的各项生态防治、减缓和恢复措施在初步设计中已进行了落实，建设单位也编制了土地复垦方案	是
	龙泉井田	2007 年 11 月	2009 年 7 月	2015 年 10 月—2016 年 5 月	500	423.48	已开采工作面地面为低山丘陵区，采空区地面主要为耕地和草地，项目处于初步开采阶段，目前未形成大面积采空区，现场调查采空区工作面上方土壤与植被未受到明显的沉陷、地表移动影响，只发现轻微的地表裂缝和沉陷。矿方已对裂缝进行了回填	是
	孟津煤矿	2006 年 1 月 2014 年 5 月（变更）	2013 年 4 月	2012 年 6 月—2015 年 7 月	120	120	截至目前，因地表沉陷问题尚未出现，孟津矿暂未大规模开展地表沉陷区生态治理、土地复垦工作。随着开采进度的推进，开采区面积扩大，对该区域内的土地利用现状的影响会增大	是

矿井类别	项目名称	时间节点			生产能力/（万 t/a）		生态影响显现程度	是否建立岩移观测站或是否边采边修复
		环评批复	主体完工	验收调查	设计	实际		
井工煤矿	满来梁矿井	2011年6月	2014年9月	2013年10月—2015年	180	167.16	调查单位于2015年10月对首采工作面进行了详细地调查。经现场踏勘，4101工作面地表裂缝数量不多，表现轻微，以平行于工作面的推进方向的裂缝为主，裂缝长度可在 0.5～5 m，宽度为 0.03 m 左右；垂直于开采工作面推进方向的裂缝，整体呈半圆弧形，一段时间后会自动闭合。由于当地土壤类型主要有风沙土，首采面未发现错位幅度较大的沉陷台阶	是
	伊敏河东矿区第一煤矿	2007年1月	2013年3月	2013年12月—2016年12月	500	500	本项目自投运以来，从实际观测数据统计结果和首采区现场来看，走向观测、倾向（Q）观测、倾向（S）观测均属于煤矿开采的变化范围，未出现大的地表塌陷和裂缝	是
	中煤平朔井工一矿	2011年11月（技改）	2009年9月	2013年10月—2014年12月	1 000	966	由于矿区进行多煤层或分层开采，因此进行复垦时沉陷土地分为已稳沉和未稳沉两类。目前沉陷地还处于变形期间，所以对其采用基本的工程措施使其平整，能够保证进行一定的农业生产或林草生长即可，待其稳定后再采取适当的复垦措施	是

矿井类别	项目名称	时间节点			生产能力/（万 t/a）		生态影响显现程度	是否建立岩移观测站或是否边采边修复
		环评批复	主体完工	验收调查	设计	实际		
井工煤矿	黄玉川煤矿	2005 年 12 月 2012 年 12 月（变更）	2013 年 3 月	2014 年 1 月—2015 年 9 月	1 000	417.6	目前矿区内仅首采工作面出现少量地表裂缝，已由矿山派专人进行填土、夯实修复，并根据矿山地测部门出具的地测报告，观测时间为每月 3 次，可以做到对地表裂缝、沉陷的尽早发现和修复治理。 由于沉陷区域内地表上方没有居民、公路、铁路、河流等环境敏感目标，地表出现的裂缝已组织人工充填，目前沉陷程度较轻，仅地表形成了较少的裂缝，经过人工充填后，恢复较好	是
	双柳矿井	2009 年 12 月 2012 年 1 月（变更+技改）	2016 年 12 月	2011 年 12 月—2016 年 12 月	300	253.24	双柳煤矿对工业场地、井田内村庄、晋中南铁路和黄河、吉孟公路等环境保护目标留设了保护煤柱。煤矿针对矿井运行期已经出现的地表沉陷、裂缝、房屋裂缝、饮水问题等进行了经济补偿，并由村民自行或委托有关单位进行了充填和平整土地等整治措施； 双柳煤矿按照矿山生态环境恢复治理方案，重点治理塌陷裂缝区土地修复、完善边坡治理、矸石场治理工程、对取土场进行了生态恢复、工业场地绿化工程、对矿区周边进行荒山绿化、达到较好的生态环境保护与恢复效果	是
	杭来湾矿井	2013 年 2 月	2013 年 9 月	2015 年	800	630.96	根据统计，目前已形成采空区面积约为 5.88 km^2，地表裂缝宽度小于 10 cm，未形成沉降台阶。从调查结果来看，受地表风沙影响，开采一段时间后地表裂缝逐渐消失，只有正在开采工作面局部出现多条地裂缝	是

矿井类别	项目名称	时间节点			生产能力/（万 t/a）		生态影响显现程度	是否建立岩移观测站或是否边采边修复
		环评批复	主体完工	验收调查	设计	实际		
井工煤矿	千树塔煤矿	2011年10月 2014年7月（变更）	—	—	120	99	委托观测工作面，未发现地表裂缝	否
	崖窑峁矿井	2013年4月	2015年5月	2016年9月	60	46.2	煤矿资源整合项目，出现少量裂缝，已进行填充	否
	天瑞煤业	2015年1月	煤矿资源整合	2016年9月	60	48.6	尚未委托有资质单位开展地表岩移观测	否
	魏墙煤矿	2014年12月	2016年5月	2016年11月	300	264	目前沉陷形式主要以裂缝和台阶的形式出现，地表裂缝宽度在30～100 cm，深度在0.5～2 m，裂缝形成台阶落差最大为50 cm	是
	哈拉沟煤矿	2005年11月	2005年12月	2006年3月—2006年9月	1 000	1 360	现场调查发现，首采区主要是沙地和灌木林地，仅有极少量的低产农田，矿井开采对植物和农作物生长都会产生一定的影响，但总体看对当地的原土地利用影响不大。现场勘查还发现，哈拉沟井田已经开始沉陷的地区内的植被没有明显枯萎的现象，可能是由于区内的植被多为沙生植物，主要依托大气降水和沙漠凝结水生存，地下水水位的下降对地表沙生植被影响不大的缘故	否

矿井类别	项目名称	时间节点			生产能力/（万 t/a）		生态影响显现程度	是否建立岩移观测站或是否边采边修复
		环评批复	主体完工	验收调查	设计	实际		
井工煤矿	王坡矿井	2013 年 6 月（未批先建）	2013 年 6 月	2013 年 7 月—2015 年 1 月	300	300	根据地表岩移观测结果及验收现场踏勘，采空造成的地面塌陷盆地特征不明显，主要表现为不连续的塌陷裂缝和地表下沉。建设单位已经对地表裂缝及下沉区进行土地平整、植被恢复	是
	红柳林煤矿	2006 年 3 月（多次扩能无变更环评）	2009 年 12 月	2011 年 1 月（1 200 万 t/a 验收批复）	1 000	1 800	在最初 1 200 万 t/a 验收时，未出现大的地表塌陷和裂缝	是
	邹庄矿井	2012 年 9 月	2014 年 8 月	2014 年 9 月—2015 年 4 月	240	180	根据现状调查以及企业委托单次地表沉陷监测，在局部地区已经形成部分沉陷，最大深度约为 1 267 mm，面积约为 0.27 km^2，但由于沉陷程度较为有限，目前对区域土地利用方式、利用面积、地表地形地貌、地表建筑、浅部含水层、地面农灌系统、野生动物、双堆集烈士陵园、双堆战场旧址及矿井工业场地的影响均非常有限，地表沉陷现状虽未影响到沉陷区的村庄（小张家村）的房屋构造，但目前矿山已经按照环评批复要求对小张家村进行了搬迁。但同时也调查发现，地表沉陷使得青芦铁路有一定的路基松动和下沉迹象，邹庄矿已经进行了填充和夯实。邹庄矿针对全厂潜在产生的水土流失部位开展了场地硬化，以及绿化等水土保持工程，确保矿区的水土流失得到有效控制	否

矿井类别	项目名称	时间节点			生产能力/（万 t/a）		生态影响显现程度	是否建立岩移观测站或是否边采边修复
		环评批复	主体完工	验收调查	设计	实际		
井工煤矿	刘庄矿井	2003 年 1 月	2006 年 10 月	2006 年 10 月	300	216	通过对刘庄矿井与其他矿区的类比调查，认为对沉陷区土地复垦可以有效地减少因沉陷造成耕地面积减少的损失，降低对周围生态环境影响。煤矸石的堆积对土壤环境产生一定的污染，但不会影响当地农业生产和人民生活。工业场地建设中生态恢复措施基本落实，水土保持效果良好，铁路和场外公路的绿化工作尚未进行	否
露天煤矿	平朔东露天煤矿	2006 年 12 月 2014 年 1 月（优化方案）	2011 年 7 月	2012 年 10 月—2015 年 12 月	2 000	1 848.07	工程投产后，原有的农业景观转变为人工景观，项目区景观生态体系质量有所降低。本项目制定了土地复垦方案和矿山生态环境恢复治理方案，目前已经排弃到界的麻地沟排土场已经进行了生态恢复，北排土场正在进行生态恢复，东排土场目前正在使用，预计 2016 年 6 月开始进行平盘、整治恢复。排土场在土地整平、修筑水土保持设施、农业灌溉设施之后，恢复地表植被，植被覆盖度增加，林地覆盖率增加。采掘场修建了防洪堤和排水工程，目前正在开采，待开采完毕后进行生态恢复	是

矿井类别	项目名称	时间节点			生产能力/（万 t/a）		生态影响显现程度	是否建立岩移观测站或是否边采边修复
		环评批复	主体完工	验收调查	设计	实际		
露天煤矿	扎尼河煤矿	2009 年 1 月	2011 年 10 月	2015 年	600	600	工程占地、露天开采及排土压占对矿区周围草原植被、土壤及景观产生了一定影响，工程施工活动结束后，已采取了大量的植被恢复措施，对工业场地进行了绿化； 露天采矿场及外排土场位移观测显示，采区边帮及排土场边坡等会发生一定程度的位移，因此在生产作业过程中应继续加强观测，根据位移监测数据及时调整生产作业方式，防治发生位移、滑坡、崩塌等灾害	是
	五彩湾 3 号矿	2010 年 2 月	2014 年 5 月（一期）	2014 年 10 月	1 000	485.2	工程永久占地改变了项目地原有土地利用情况以及局域景观类型，将部分荒漠戈壁改变成工矿用地，将原有较为完整的荒漠景观转变成较为破碎的人工景观斑块和廊道，景观格局发生了不可逆的转变。由于人工植被恢复与绿化，新增了紫穗槐、红柳、沙枣、榆树等园林绿化物种，原有荒漠植被也被人工林带、人工草地取代。由于本项目距卡山保护区较远，故未对其造成明显影响	是

（2）地下水影响调查存在一定困难

由于受采煤的影响，在采区中央形成降落漏斗，改变了周围浅、中层地下水的流向，周围地下水迅速向漏斗区汇集，形成区域性地下水降落漏斗，造成区域边缘地下水水位下降。但是，目前环评及验收调查范围仅局限于井田范围，不能反映井田区域边缘的地下水沉降范围，不利于环境影响后评价判断煤矿开采对井田周围边缘地下水的影响程度。在验收调查阶段缺少缝隙调查和影响预测内容，在环境影响后评价中很难判断地下水水位下降与否，不能判断地下水水位下降是否是由于采煤沉陷引起的，难以定量地给出地表沉陷对地下水的影响程度。

（3）小结

经过上述生态及地下水相关讨论，原则上认为项目验收完成后 3～5 a 可以考虑开展后评价，分区开采的露天煤矿，首采区完成后，后续开采阶段或地下水环境改变初步可以进行监测时或地下水影响初步显现时，可以考虑开展环境影响后评价。

6.2.3 基于遥感监测手段探讨煤炭项目后评价时间选择

《环境影响后评价管理办法（试行）》规定，开展环境影响后评价的情形中包括审批环境影响报告书的生态环境主管部门认为应当开展环境影响后评价的其他建设项目。遥感监测与调查对区域性环境影响问题的发现具有重要现实意义。因此，生态环境主管部门可结合重点开展环境影响后评价的煤炭基地进行常规遥感监测调查，尤其对于露天开采区、可能积水区以及可能造成生态环境功能严重退化，以及矿井水大量排放于地表区域进行重点监测，责成问题单位及时开展环境影响后评价。

地面沉陷是采矿活动造成的一种严重的地质灾害。煤炭等矿产资源的大量开采造成了大面积的地面沉陷，影响了矿区生态环境，危及矿区附近的生活、生产设施。因此，加强对矿区地表沉陷规律的研究和分析，可以为解决安全开采和矿区地表沉陷区生态环境综合治理提供科学依据。传统的水准测量和 GPS 测量，尽管其精度高，但是这种基于点的观测无法实现大面积的沉陷监测，观测周期长、成本高，达不到及时、准确和快速监测的目的，尤其是在历史数据的获取、动态监测的时间以及数据的更新等方面无法满足要求。相对于传统方法，多光谱遥感技术监测矿区地面沉陷虽然具有观测范围广、成本低、观测周期短的特点，但是在光谱遥感图像中难以直接识别采矿沉陷区，通常可以根据采矿沉陷形成的积水坑间接识别，在高精度提取矿区地面沉陷信息方面具有一定的局限性。与多光谱遥感技术相比，微波遥感技术在矿区地面沉陷监测方面更有优势。利用微波遥感技术监测矿区地面沉陷是微波遥感在矿区环境监测中最重要的应用。

合成孔径雷达差分干涉测量技术（Differential Interferometric Synthetic Aperture Radar，D-InSAR），D-InSAR 这个缩写词，本身就代表着该技术的发展过程。由最初的雷达（Radar），发展到合成孔径雷达（Synthetic Aperture Radar，SAR），再发展到干涉合成孔径雷达（Interferometric SAR，InSAR）技术，最后发展到今天的差分合成孔径雷达干涉（Differential InSAR，D-InSAR）技术。合成孔径雷达干涉测量（InSAR）技术诞生于 20 世纪 60 年代末，它是由雷达影像复数据推导出的雷达信号的信息作为信息源，并利用这些相位信息提取地表三维信息的一项技术。InSAR 技术是利用获得的同一区域的 SAR 复数影像，对同一个地物的回波信号进行干涉，确定该地区的干涉纹图，并且对相位信号进行分析，确定该区域的 DEM 或是形变信息。D-InSAR 是在 InSAR 技术上进一步发展而来的，通过比较两幅或多幅同一地区的 SAR 影像的相位变化（干涉图），从干涉图导出视线方向距离的变化，从而反推出地表形变，因此可以用来监测地表目标的水平和垂直运动。

以神东基地的神东矿区为例，神东矿区是神府东胜矿区的简称，是国家特大型煤炭生产基地之一，位于陕西省榆林地区神木县北部、府谷县西部，内蒙古自治区鄂尔多斯市的伊金霍洛旗及东胜区南部和准格尔旗的西南部，其地理坐标在北纬 38°52′—39°41′、东经 109°51′—110°46′。矿区地处乌兰木伦河和窟野河的两侧，东以 5^{-2} 煤层露头线、陕、蒙省（区）边界及束会川为界，南以神木县麻家塔沟为界，西以神木详查区、补连详查区及布尔台普查区勘探边界为界，北以铜匠川第 11 勘探线为界。矿区南北长 38～90 km，东西宽 35～55 km，总面积为 3 481 km^2。神东矿区大型矿井有布尔台、大柳塔、补连塔、石圪台、哈拉沟、上湾等，露天煤矿主要有神山露天矿、神东露天矿、乌兰木伦、寸草塔等矿井群。神东矿区煤炭资源赋存特点是：资源丰富，赋存稳定；基岩薄，煤层埋藏相对较浅；大部分煤层厚度较大，可采煤层层数多，煤层群为近距离赋存；煤质优良，地质条件简单。神东矿区地质条件好、技术条件强、运输条件优越、人口密度小，井田密度高、高强度的煤炭开采直接导致地面塌陷影响较大。因此，以神东矿区开采沉陷情况为例较为合适。

表 6-7　D-InSAR 技术与水准测量机 GPS 测量方法比较

测量方式	水准测量	GPS 测量	D-InSAR 技术
沉降信息量	点、线信息	点、线信息	点、线、面信息
形变分量	垂直	水平/垂直	距离向
样本频率/d^{-1}	1～10	10～30	≥10^6
样本密度	10～100	10～100	10^5～10^7
精度	mm	mm	亚毫米级、毫米级
周期/速度	长/慢	较短/快	短/快
作业条件	根据天气	全天候	全天候
成本	高	较高	低
数据处理	慢	快	快

(1)分别采用加拿大 RADARSAT-2 卫星数据和 ENVISAT ASAR 历年存档数据对地表沉陷进行数据分析。采用加拿大 RADARSAT-2 卫星 2012 年时间总跨度为 336 d 的 13 景数据组成 12 组影像对进行处理，得到此阶段的 12 期地表沉陷图；采用欧空局对外免费开放的 ENVISAT ASAR 数据在 2006—2010 年时间总跨度为 1 400 d 的 13 景数据组成 12 组影像对进行处理，得到此阶段的 12 期地表沉陷图。

将两种结果进行对比，显示 RADARSAT-2 卫星数据对地表沉陷的监测能力强于 ENVISAT ASAR 数据。

（2）对 RADARSAT-2 卫星数据处理结果进行解译，提取出形变区边界。经统计得到 2012 年 1 月 20 日—12 月 21 日神东矿区沉陷总范围达到 355.9 km^2、沉陷区总个数为 267 个。并得到神东矿区在 2012 年各个监测时期内的沉陷面积及沉陷区个数，以及 24 d 的最小沉陷区面积达 0.001 3 km^2、最大沉陷区面积达 12.446 1 km^2，可见神东矿区在 2012 年开采强度较高。

D-InSAR 技术拥有成本低、精度高、空间分辨率高的特点，并具有全天时大范围成像监测地表形变的能力，相信该技术将成为地表沉降监测技术的发展方向。该技术在监测矿区地表沉陷上取得了初步成果，但仍存在一些困难难以克服，在以下几个方面有待进一步研究。

（1）D-InSAR 技术计算的形变量均为垂直方向的下沉量，水平方向的移动乃至三维空间内的移动无法进行计算。

（2）D-InSAR 技术需要结合 SRTM、NDVI 等相关软件进行解译、计算等大量数据处理工作，无法做到实时监测监控矿区沉陷情况。

（3）D-InSAR 技术受矿区大气状况、地表植被覆盖及变化等因素影响雷达干涉测量效果，结果可靠性有待提高。

晋陕蒙地区煤矿开采强度高，致使西北生态环境脆弱区情况更加恶化，因此必须加强监测，掌握高强度开采引起的地表移动演化过程及其相关沉陷资料对开展煤矿环境影响后评价意义重大。

6.2.4 煤炭项目后评价服务周期的探讨

首先，根据《煤炭工业矿井设计规范》以及《煤炭工业露天矿设计规范》，新建中型与大型矿井设计服务年限分别不少于 40 a 和 50 a。新建中型、大型与特大型露天矿设计服务年限分别不少于 20 a、35 a 与 40 a。其次，我国相关的土地利用总体规划、生态环境保护规划等服务周期却远短于煤矿生产服务期。再次，煤矿开发生态环境，以及地下水环境影响呈现显著的复杂性及动态性。基于以上三点，尽管现有的煤矿环境影响评价对整个服务期进行了预测评价，煤矿开采环境影响后评价的重要性仍不容忽视，且一次煤矿开采环境影响后评价不足以指导煤矿整个生命周期的环境影响防控。

本书在对不同露天矿恢复系统演替阶段划分，以及对不同分区井工煤矿生态环境显著性分析的基础上，对环境影响后评价周期进行初步探讨。

原则上可以分为以下几种：同一采区内，综合考虑煤层等相关环境特征、地质特征等因素，综合考虑第二次环境影响后评价时间；或者第一次开展环境影响后评价单位在后评价报告中给出第二次环境影响后评价的启动时间的建议；对于大型煤矿，退役期前，至少开展过不少于两次的环境影响后评价。

6.3 结语

从上述讨论中发现，无论从不同开采方式、生态影响显现时间或是利用遥感手段，都无法精确统计出煤炭项目环境影响后评价开展时间及服务周期，结合实际工作，环境影响后评价时间范围的确定，是一个很复杂的问题，一般来说可以考虑以下原则。

（1）一般建设项目的环境影响后评价应选择在项目主体工程和环保设施投入正常生产运行，生产负荷达到竣工环保验收标准，建设项目的环境影响已发生或社会对项目环境影响已经引起纷争的时期进行。

（2）对某些累积环境影响（如地下水、地形地貌、生态环境等）以及有潜在环境影响的建设项目，后评价的时间可根据受影响的环境要素的变化特征和表现时间来具体确定。

（3）一些对建设期、运营期、退役期等不同阶段进行环境影响评价的建设项目，可根据工程不同阶段环境影响的程度和范围在适当时期对某个阶段进行后评价。

由于地表沉陷造成的土地资源损失、地下水水位下降等生态问题在煤矿验收调查阶段难以体现出来，建设单位所采取的生态治理和保护措施也难以得到全面落实，因此建议对煤矿建设项目竣工环保验收以环保设施（“三废”治理措施）、生态治理或恢复计划等进行验收，在采煤沉陷稳定且建设单位已采取土地整治等措施后再按照相关规定和要求进行环境影响后评价，切实、全面地对项目产生的生态影响以及项目采取治理措施效果进行评价。

建议验收调查报告根据地表岩移观测站实际观测结果对环评沉陷预测参数进行修正，并根据实际情况进行预测，验收调查报告中应尽量详细给出各采区沉陷稳定的具体时间，给出生态治理的具体措施，为环境影响后评价做好调查基础。

遵循以上原则，并根据煤矿项目生态影响初步显现时间及工作经验，建议在建设项目正式投入生产或者运营后 3～5 a 开展环境影响后评价工作。

第 7 章

结论与建议

7.1 结论

近年来，生态环境部大力推进对环境影响后评价理论、技术及管理机制的研究，为规范建设项目环境影响后评价工作，2015 年 12 月 10 日，原环境保护部正式发布《建设项目环境影响后评价管理办法（试行）》，自 2016 年 1 月 1 日起施行，其中，明确了环境影响后评价的定义、开展环境影响后评价的项目类型、进行环境影响后评价的行政主管部门及后评价内容等。2016 年修订的《中华人民共和国环境影响评价法》明确提出了“在项目建设、运行过程中产生不符合经审批的环境影响评价文件的情形的，建设单位应当组织环境影响的后评价”。原环境保护部已立项开展《煤炭采选工程环境影响后评价技术导则》编制工作，目前尚处于修改完善阶段，为环境影响后评价的实施提供技术支持。开展环境影响后评价是强化事中事后监管的重要途径，将有力推动建设项目环境保护持续改进，提高环境影响评价制度的有效性。

2017 年 4 月，原环境保护部环境影响评价司在“环境影响评价相关项目公开征集指南”中发布《煤炭采掘项目环境影响后评价技术方法研究》课题遴选公告，5 月底发布中选公告，本课题由生态环境部环境工程评估中心与中国环境科学研究院共同承担，6 月底签订本课题《环境保护项目任务合同书》并组建课题组，开展《煤炭采掘类环境影响后评价技术方法研究工作方案》的编制及调研工作。课题报告对不同区域、不同开采类型煤炭采掘类项目环境影响后评价技术方法进行了全面梳理，对分区分类环境影响后评价项目技术方法进行了系统调查与总结；结合典型案例，对煤炭采掘项目环境影响后评价技术方法进行验证，确定不同区域主要环境影响及环境影响后评价的内容和重点；梳理分析不同区域环境影响后评价的技术方法及验证方法的适用性；对环境影响后评价开展过程中存在的环境问题进行了分析，提出了相应的建议，并对后评价结果应用和环境监管提出建议。本书对于进一步完善不同区域环境影响后评价技术方法体系，为煤炭采掘项目环境影响后评价技术导则的制定和生态环境行政部门的环境管理工作提供技术支持等方面具有积极指导意义。

7.1.1 分区域环境影响后评价重点研究

全国主要产煤区环境特征差异较大，采煤的生态影响各具特点。同时，井工煤矿与露天煤矿在不同区域的生态影响也表现出较大差异，因此其生态环境影响后评价的技术方法侧重点各有不同。根据区域煤炭资源赋存条件、资源环境承载能力、煤炭开发现状、主要生态影响特征的不同以及国家能源需求等因素，本书将重点煤炭开采富集区分为黄淮高潜水位平原区、蒙东草原区、中西部黄土丘陵沟壑区、新疆戈壁荒漠地区、云贵川喀斯特地貌区、陕蒙宁风积沙区六大区域，并分析梳理各分区域的后评价重点，实现行业管理和区域管理的有机结合，从而使环境影响后评价管理政策更有针对性和可操作性。

7.1.2 重点环境影响要素环境影响后评价方法研究

（1）生态环境影响后评价方法研究

通过归纳总结已开展环境影响后评价典型案例中生态环境影响后评价方法，对推荐的生态环境影响后评价方法进行了验证，结果显示，推荐的方法具有较好的适用性。黄淮高潜水位平原区主要生态影响特征是沉陷积水，无法埋桩布点，因此传统的水准测量、全站仪三角高程测量和 GPS 测量不适用于此区域，可采用三维激光扫描和 D-InSAR 等高新技术进行监测；其他区井工煤矿均可采用水准测量、全站仪三角高程测量和 GPS 测量监测地表沉陷。三维激光扫描和 D-InSAR 技术目前仅在黄淮高潜水位平原区、中西部黄土丘陵沟壑区开展了应用研究，建议在其他区推广使用。土壤环境调查中的收集资料法和实测法在六大区均适用，高光谱遥感适用于土壤盐渍化严重的区域（如蒙东草原区）。景观环境调查中的收集资料、样方调查法、地面监测与调查监测在六大区均适用，“3S”技术更适用于露天矿和黄淮高潜水位平原区井工矿的景观调查。评价方法中的土地利用转移矩阵法更适用于露天矿和黄淮高潜水位平原区井工矿，高光谱遥感分析适用于土壤盐渍化严重的干旱、半干旱区域（如蒙东草原区）。

（2）地下水环境影响后评价方法研究

通过归纳总结已开展环境影响后评价典型案例中地下水环境影响后评价方法，对推荐的地下水环境影响后评价方法进行了验证，结果显示，推荐的方法具有较好的适用性。调查方法中的收集资料法在六大区均适用，尤其适用于水位、水质资料齐全的矿区；实测法是在现有资料无法满足评价需求时采用，六大区均适用。评价方法中的对比分析法在六大区均适用；回归分析法在六大区均适用，尤其适用于资料齐全的矿区。

7.1.3　环保措施有效性评价与验证方法研究

（1）环保措施有效性评价方法研究

通过归纳总结已开展环境影响后评价典型案例中环保措施有效性评价方法，对推荐的地下水环境影响后评价方法进行了验证，结果显示，推荐的方法具有较好的适用性。收集资料法、现场踏勘法、实测法六大区均适用，对比分析法适用于环境敏感问题突出的地区，有助于针对性地分析判断污染源存在的具体问题和改进途径。理论计算法适用于需进一步挖掘污染治理能力、提高环保要求的情况。通过已开展后评价的典型案例分析，目前煤矸石综合利用在两淮地区（黄淮高潜水位平原区）落实比较到位，基本全部回填塌陷区。其他地区达不到环评要求的综合利用率，具体而言，一种是综合利用途径的落空，如电厂、排矸场建设未能获批；另一种是缺乏有效的利用途径，如环评要求煤矸石制砖，但矸石砖市场竞争力较弱，综合利用很难实现。

（2）环境影响预测验证方法研究

地表沉陷的预测验证和地下水环境的影响预测验证主要采用收集资料法。井工煤矿开采会造成地表沉陷，环评报告及批复要求矿区建设地表岩移观测站，后评价报告需基于地表岩移观测数据分析评价井工煤矿开采造成的生态环境影响。通过后评价典型案例总结发现，有部分矿井（哈拉沟、锦界等）未落实环评报告及批复的要求，未设立地表岩移观测站，造成后评价报告基础数据缺失。地下水环境影响预测验证预测基于地下水水位观测井及导水裂缝带高度观测井的实测数据，否则无法进行地下水环境影响预测验证。通过现有后评价案例总结发现，部分矿井未开展地下水水位动态观测及导水裂缝带高度观测（黑岱沟及潘三矿等），造成后评价基础数据缺失。

7.1.4 环境影响后评价开展时间因子探讨

本书通过不同开采方式、影响初步显现时间与遥感监测手段等多角度开展煤炭项目后评价开展时间选择与服务周期的探讨。

通过研究发现，无论从不同开采方式、生态影响显现时间或是利用遥感手段，都无法精确统计出煤炭项目环境影响后评价开展时间及服务周期，基于煤炭项目不同开采方式下环境影响的研究探讨后，建议在建设项目稳定运行 2～4 a 后进行环境影响后评价工作；基于生态影响初步显现时间角度研究探讨后，建议在建设项目稳定运行 3 a 后进行环境影响后评价工作；基于遥感监测手段角度对环境影响后评价的工作开展是即时的；总的来说，对于后评价介入时间的探讨，一般情况下，建议在建设项目正式投入生产或者运营后 3～5 a 开展环境影响后评价工作。结合实际工作，环境影响后评价时间范围的确定是一个很复杂的问题，一般来说可以考虑以下原则。

（1）一般建设项目的环境影响后评价应选择在项目主体工程和环保设施投入正常生产运行，生产负荷达到竣工环保验收标准，建设项目的环境影响已发生或社会对项目环境影响已经引起纷争的时期进行。

（2）对某些累积环境影响（如地下水、地形地貌、生态环境等）以及有潜在环境影响的建设项目，后评价的时间可根据受影响的环境要素的变化特征和表现时间来具体确定。

（3）一些对建设期、运营期、退役期等不同阶段进行环境影响评价的建设项目，可根据工程不同阶段环境影响的程度和范围在适当时期对某个阶段进行后评价。

遵循以上原则，一般情况下，建议在建设项目正式投入生产或者运营后3～5 a开展环境影响后评价工作。特殊情况应遵循以上原则并根据煤矿项目生态及地下水等累积性、潜在性影响显现时间，以及具体自然环境条件等因素确定开展环境影响后评价工作的时间。

7.2 建议

7.2.1 推行早期介入模式，形成全过程评价

通过确定“早期介入”原则，形成“全过程评价”，正确认识环境影响后评价和环境影响评价是相辅相成、互相促进的。将环境影响后评价贯穿到整个建设项目建设周期内，在拟建项目规划初期，将环境影响后评价纳入初期规划。拟建项目进行环境影响评价的同时，对环境影响后评价进行制定与设计。环境影响后评价的制定与设计，设计要基于重大环境问题，特别是针对环境影响评价报告中提出的需要深入分析的问题。环境影响评价的事前预测评价与环境影响后评价得事后验证评价配合、反馈，才是一个科学完整的闭合循环。因此，环境影响后评价

与环境影响评价的有机整合可以形成更好的环境管理模式，采用“早期介入，全方位—多视角”方法，推动环境影响后评价的发展进程，为科学决策提供基础。

7.2.2 完善政策法规体系，实行分区分类管理

目前，我国对环境影响后评价的提出更倾向于一种倡导，并未形成赏罚分明的制度，管理条例的约束力不足，导致建设项目环境影响后评价开展不到位，应尽快完善并出台煤炭采掘建设项目后评价相应管理办法和技术规范体系。由于区域煤炭资源赋存条件、资源环境承载力、煤炭开发现状、国家能源需求等的差异，应对煤炭采掘建设项目环境影响后评价实行分区分类管理。如本次研究工作中调查发现，部分煤矿废水“零排放”的要求并不能完全达到，后评价阶段与环评阶段水量并不一致，且实际水量大于预测水量的情况占大多数，但其排水经处理可用于生态补给用水，建议针对该类问题，根据当地资源环境与地下水条件等实际情况而定，分区分类提出环境管理要求。在全国划分煤炭采掘行业环境影响后评价管理类型区，并筛分区域后评价重点，实现行业管理和区域管理的有机结合，从而使环境影响后评价管理政策更有针对性和可操作性，为企业积极开展环境影响后评价，加快推进环境影响后评价在全国范围推广的进程提供依据。

7.2.3 强化环境监测数据支撑，督促企业完善环境监测体系

环境监测数据是环境质量现状最直接的反映，也是分析评价环境变化趋势的基础数据，监测数据的完整和准确与否是后评价成果是否合理、正确的关键。应切实发挥环境监测在环境影响后评价方面的基础作用，督促企业建立完善环境监测设施。建议现有煤矿企业和新改扩建煤矿企业，必须建立地下水环境长期动态观测网。同时建立国家的煤矿地下水环境长期动态观测网络体系，这是在环境影响后评价阶段正确评价煤炭开发带来的地下水环境变化的一个依据。建议在环评验收阶段未落实环评要求建立地表岩移观测站的煤矿企业，必须建立落实相应的监测设施。环境影响后评价阶段，没有前期的地表岩移观测站的实测数据，后评

价阶段就无法对环评沉陷预测参数进行修正，后评价期间就无法再根据实际情况进行预测下一阶段沉陷情况。如果没有地表岩移观测数据做支撑，就会为后续的环境影响后评价预测的准确性带来很大的困难。

7.2.4　衔接整合现有环保制度，切实发挥环境影响后评价作用

衔接整合现有环保制度，将环境影响后评价与环境影响评价、变更环评、补充环评、重做环评及竣工环保验收等环境管理制度区别开来，切实发挥环境影响后评价的作用。目前，由于公众对环境影响后评价的认知不够，理解不到位，导致有些建设单位在做变更环评、补充环评时，将环境影响后评价代替从而规避环评审批，逃避相关环保部门监管。建议相关部门明确环境影响后评价的地位，加强监督与宣传，营造环境影响后评价氛围，使公众认识到环境影响后评价不仅有其自身的独立性，而且与其他环保制度之间也有紧密联系。此外，要切实发挥环境影响后评价的作用还需配以严格的问责制，谁立项、谁负责，谁造成了严重污染，就得追责。这样，环境影响后评价管理系统会得到不断完善，成为国家环境保护机制有效运营的重要助力。

参考文献

[1] Hu Zhenqi，Yang Guanghua，Wu Xiao，et al. Farmland damage and its impacts on the overlapped areas of cropland and coal resources in the eastern plains of China [J]. Resources，Conservation & Recycling，2014，86C：1-8.

[2] Huang Xiandong，Yang Guanghua，Yang Yaoqi，et al. Problems and suggestions of coal mining subsided land governance in Jining City of Shandong Province[J]. Advanced Material Research，Vols.838-841（2014）1826-1829.

[3] 张天曾. 黄土高原纲论[M]. 北京：中国环境科学出版社，1993：61.

[4] 陈凯麒，王东胜，麦方代，等. 环境影响后评价理论技术与实践[M]. 北京：中国环境出版社，2014.

[5] 张树礼. 煤田开发环境影响后评价理论与实践[M]. 北京：中国环境出版社，2013.

[6] 张新时. 中国植被及其地理格局[M]. 北京：中国地质出版社，2007.

[7] 高世铭，杨封科，苏永生. 陇中黄土丘陵沟壑区生态环境建设与农业可持续发展[M]. 郑州：黄河水利出版社，2003：1-95.

[8] 耿海清. 我国大型煤矿建设中环境与社会问题[J]. 科学，2008，5：33-37.

[9] 鹿士明. 采煤塌陷地征用问题探讨[J]. 土壤，2002，34（2）：109-110.

[10] 黄先栋. 高潜水位采煤沉陷耕地报损核减标准与制度设计[D]. 徐州：中国矿业大学，2017.

[11] 杨光华. 高潜水位采煤塌陷耕地报损因子确定及报损率测算研究[D]. 徐州：中国矿业大学，2014.

[12] 李莹. 陕北煤炭分布区地下水资源与煤炭开采引起的水文生态效应[D]. 西安：长安大学，2008.

[13] 张建民. 超大综采工作面开采地表层含水性自修复研究[J]. 煤田地质与勘探，2013，41(6)：38-42.

[14] 张东升. 新疆大型煤炭基地科学采矿的内涵与展望[J]. 采矿与安全工程学报，2015（1）：1-6.

[15] 王志朴，贾尔恒·阿哈提，吴瑞琦. 新疆煤炭资源开发环境保护经济对策建议[J]. 资源与环境，2014（11）：226-229.

[16] 叶佩鑫. 新疆煤炭资源开发战略问题研究[D]. 西安：西安科技大学，2010.

[17] 李会强. 蒙东地区煤炭工业现状及科学发展对策分析[J]. 中国煤炭，2014，4：25-27.

[18] 傅尧，李晓星，陈静，等. 白音华三号露天矿竣工环境保护竣工验收报告[R]. 北京：中国环境科学研究院，2016.

[19] 张耀光. 西南喀斯特贫困地区的生态环境效应[J]. 中国岩溶，1995（1）：71-76.

[20] 陈鹏飞. 黄土丘陵沟壑区小流域水沙变化与土地利用格局演变的耦合研究[D]. 北京：北京林业大学，2010.

[21] 唐燕波，翟立娟，傅耀军. 我国煤炭基地规划矿区水文地质类型划分[J]. 中国煤炭地质，2012，24（9）：28-49.

[22] 姜兴阁. 论变形监测技术的现状与发展趋势[J]. 矿山测量，2012，4：7-10.

[23] 沈毅，吴丽娜，王红瑞，等. 环境影响后评价的进展及主要问题[J]. 长安大学学报（自然科学版），2005，1：56-59.

[24] 刘文荣. 煤矿项目环境影响后评价主要内容[J]. 煤炭工程，2011，8：27-30.

[25] 杨长奇. 山西省采煤塌陷区土地复垦模式及生态重建研究[D]. 晋中：山西农业大学，2013.

[26] 柴春山. 半干旱黄土丘陵沟壑区不同植被类型水土保持效应及土壤水分研究[D]. 兰州：兰州大学，2006.